小龙虾产业气象服务与研究

主　编:徐琼芳　徐丽娅

副主编:秦懂雷　冯海旭　周多勇

气象出版社
China Meteorological Press

内容简介

本书介绍了小龙虾产业概况、小龙虾养殖生态模式和小龙虾气象研究进展，研究小龙虾主产区潜江市气候资源概况、小龙虾关键气象要素预报方法、小龙虾气候品质评价方法、小龙虾产业气象指数与农业气象指标研制方法，分析小龙虾产业气象服务存在的不足之处，提出未来小龙虾气象服务展望，旨在加强小龙虾产业链气象服务工作，为小龙虾生产管理人员、技术人员和养殖户提供科学、精准、精细的气象服务，为小龙虾产业链气象服务技术人员提供参考。

图书在版编目（CIP）数据

小龙虾产业气象服务与研究 / 徐琼芳，徐丽娅主编. 北京 : 气象出版社，2024. 7. -- ISBN 978-7-5029-8251-5

Ⅰ. S915

中国国家版本馆 CIP 数据核字第 2024PK9588 号

小龙虾产业气象服务与研究

Xiaolongxia Chanye Qixiang Fuwu yu Yanjiu

出版发行：气象出版社
地　　址：北京市海淀区中关村南大街 46 号　**邮政编码**：100081
电　　话：010-68407112(总编室)　010-68408042(发行部)
网　　址：http://www.qxcbs.com　**E-mail**：qxcbs@cma.gov.cn
责任编辑：蔺学东　毛红丹　**终　　审**：张　斌
责任校对：张硕杰　**责任技编**：赵相宁
封面设计：楠竹文化
印　　刷：北京中石油彩色印刷有限责任公司
开　　本：889 mm×1194 mm　1/32　**印　　张**：4.5
字　　数：130 千字
版　　次：2024 年 7 月第 1 版
印　　次：2024 年 7 月第 1 次印刷
定　　价：40.00 元

《小龙虾产业气象服务与研究》编写组

主　　编：徐琼芳　徐丽娅

副 主 编：秦懂雷　冯海旭　周多勇

技术顾问：陈正洪

成　　员（按姓氏笔画排名）：

艾　泽　叶　佩　刘凯文　刘家慧

杜燕妮　吴彦霖　周　密　骆新越

黄克康　彭二露

前　言

本书按照习近平总书记提出的“全面推进乡村振兴”“乡村要振兴，离不开产业的振兴”的要求，结合湖北省委、省政府将“潜江龙虾”作为全省唯一小龙虾区域公用品牌进行宣传推广的发展战略部署，充分发挥气象在“乡村振兴”工作中的重要作用，开展小龙虾产业链气象服务与研究。

小龙虾产业与气象条件息息相关。气象条件在很大程度上决定着小龙虾生长速度、繁殖、成活率、病害情况等，还决定了苗种放养、饲料投放时间及投放量、捕捞上市时间和产品运输方式等。气象条件对小龙虾的选育繁育、加工出口、餐饮服务、冷链物流、节庆文化全产业链均有影响。

21世纪以来全球气候变化不稳定性加剧，气候波动和极端事件对小龙虾养殖的影响将更加突出，小龙虾养殖的决策者和生产者迫切期望能对养殖品种的全生产过程提供气象保障服务。在广泛研究和深入调研的基础上，我们编写本书，目的是加强小龙虾产业链气象服务工作，为小龙虾生产管理人员、技术人员和养殖户提供科学、精准、精细的气象服务，旨在为小龙虾产业链提供指导，为气象服务提供参考。

本书可为小龙虾产业链管理工作者、技术人员、养殖户和气象服务人员提供指导和参考。由于时间仓促，加上技术水平和编写经验有限，书中难免有错漏之处，希望广大读者提出宝贵意见和建议，以便我们及时改正。

编写组

2024年3月

目　录

第1章　中国小龙虾产业概况

小龙虾，学名克氏原螯虾，隶属于甲壳纲十足目螯虾科，是一个著名的入侵物种。因其抗逆性强，具有广泛生境适应性、生长迅速、高生殖率等特点，迅速发展成野生种群，在较短时间内遍布我国长江中下游流域。小龙虾产业与气象条件息息相关，气象条件在很大程度上决定着小龙虾生长速度、繁殖、成活率、病害情况等，还决定了苗种放养、饲料投放时间及投放量、捕捞上市时间和产品运输方式等。近年来，随着市场供不应求，其生物学特性、气象学特性和人工养殖技术的研究逐渐受到重视。小龙虾产业经济价值巨大，遍及第一、二、三产业，已成为社会经济发展的重要支柱和农民收入新的增长点。

1.1　小龙虾的生物学特性

小龙虾是一种广泛分布的淡水甲壳动物，是重要的淡水生态系统成员（唐鑫生，2001），也是一种重要的经济资源，被广泛用于养殖和食品加工。下述内容将从形态特征、栖息习性、摄食习性、繁殖特性四个方面出发，帮助大家全方位了解小龙虾的生物学特性。

1.1.1　形态特征

小龙虾属于节肢动物门、甲壳纲、十足目、螯虾科。成年个体的体长在7～13 cm，体型粗壮，头胸甲坚硬而粗糙，通常呈暗红色或褐色，头部具有一对复眼和两对触须，较长的触须用于感觉和探索环境。虾体分为头胸部和腹部两个部分，共有 21 节，其中头部 6 节，胸部 8 节，腹部(包括尾部)7 节。

头胸部共有 13 对附肢，头部 5 对，后 3 对为口肢，前 2 对是较为发达的触角；胸部有 8 对附肢，后 5 对为步足，前 3 对是带螯的颚足，第 1 对螯(也叫钳足)特别发达，用于捕食、防御和社会交互，雄虾的钳足通常比雌虾更为粗壮，这是在求偶和领地争夺中的一种优势特征。腹部相对较短，有 6 对附肢，前 5 对为不太发达的游泳肢，最末 1 对形成尾肢，与尾节合并形成发达的尾扇，在水中能够迅速向后摆动，以实现快速逃逸。

同年龄阶段的雌虾通常比雄虾个体更大。雄虾的第 2 对腹足内侧有 1 对细棒状带刺的雄性附肢，有协助两性交配的功能，而雌性小龙虾则不具备这对附肢，这是辨别小龙虾性别的一个主要特征。

1.1.2 栖息习性

小龙虾主要栖息在淡水中，偏好温暖的环境。小龙虾喜欢在水底的泥土或细沙中挖掘洞穴，这些洞穴既是它们的栖息地，也是保护其免受天敌威胁的避难所。小龙虾具有明显的昼夜垂直运动习性，光线充足时，会沉入水底或躲藏于洞穴中，光线微弱或黑暗时，则会爬出洞穴。

水体是其生存的环境，水质的好坏直接影响其健康和发育。相关研究表明：小龙虾健康生长对溶解氧需要的最低指标为 3 mg/L，水体 pH 最适宜范围在 7.5～8.5，水体透明度在 20～25 cm，最适宜水温为 25～30 ℃。当饲养水域昼夜温差过大时，会影响小龙虾的生长。

1.1.3 摄食习性

小龙虾是典型的杂食性动物，主要在夜间觅食，以食用植物性饵料为主，比如植物秸秆和水草等，也可饲喂动物性饵料，如砸碎的螺蛳、小杂鱼和动物内脏等。

不同发育阶段的小龙虾食性存在差异。刚孵化出的幼体以自身卵黄作为营养;二期幼体可滤食水中的藻类、轮虫腐殖质和有机碎屑等;三期幼体则能够摄食水中的小型浮游动物,如桡足类、枝角类等;幼虾具备捕食底栖生物,如水蚯蚓等的能力;成虾的食性更杂,除捕食水生昆虫幼体、甲壳类等水生动物外,还摄食水生植物的根茎叶、水中的腐殖质和有机碎屑等。

当饵料不足或群体数量过多时,小龙虾会越塘逃离,甚至相互蚕食,大虾吃小虾,硬壳虾吃软壳虾,因此,被蚕食的个体大多数是体弱有病或正处于蜕壳或蜕壳后不久的软壳虾。

1.1.4 繁殖特性

小龙虾为卵生繁殖,繁殖季节通常在春季和早夏。交配通常在水底进行,雄虾在交配前有求偶舞蹈,并通过释放信息素吸引雌虾。雄虾使用特化的生殖器官(第1对腹肢改造成的生殖鳃肢)将精子传递给雌虾,雌虾将受精卵携带在其腹部游泳肢上,这一行为称为“抱卵”,体型大的雌虾抱卵更多。这些卵在11～15 d内孵化成幼体,水温35 ℃以下时,温度越高则孵化时间越短。抱卵期间,雌虾通过挥动游泳肢以扰动水流,使卵能获得充足的氧,第1对步足常伸入卵块之间清除杂质和坏死卵。

小龙虾幼体出生后,依附在母虾身上,经过几次蜕皮后才开始独立生活,这种繁育方式让后代具有更高的成活率。幼虾通常在3～5个月内成熟,具体时间取决于环境条件,如温度、食物供应等。不同地区的小龙虾可能因遗传和环境因素而展现出繁殖能力的差异。

1.2 小龙虾的气象学特性

小龙虾适应性广,繁殖能力强,无论是在江河、湖泊、池塘及水田均能生活,对水质要求不高,生命力极强,适宜生存水温广,在0～

40 ℃均可生存，我国大多数地方都适宜其生存和发展，甚至在一些鱼类难以存活的水体中也能生活，在我国大多数地区都能养殖和自然越冬。淡水小龙虾繁殖力强，在长江中下游地区雌虾每年 8 月中旬至 11 月和翌年 3 月至 5 月产卵，产卵数不大，但受精卵发育快，孵化率和幼虾成活率都比较高。淡水小龙虾易饲养、食性杂、生长快，仔虾孵出后，在温度适宜、饲料充足的条件下，经过 60 d 左右饲养即可长成商品虾（徐琼芳 等，2018）。

1.2.1 水环境指标

（1）溶解氧：≥3 mg/L。

（2）水体透明度：低于 20 cm 和高于 40 cm 时，生长发育都会受到不同程度的影响。

（3）温度：0～40 ℃。

（4）pH：可在 pH 为 6.5～9.0 的水体内正常生长，其最适宜 pH 为 7.5～8.5。

（5）盐度：0‰～1‰，盐分过高会影响淡水生物的正常生长繁殖。

（6）NH_3-N：0～0.02 mg/L，过高会损伤水生动物的鳃，高于 0.5 mg/L 会导致其无法进食和呼吸，直至死亡。

（7）H_2S：0～0.1 mg/L，过高会损伤水生动物的中枢神经，造成患病或死亡。

（8）NO_2：0～0.02 mg/L，过高会起出血病，是诱发暴发性出血病的重要因子。

1.2.2 温度指标

在其周年不同的生育阶段，小龙虾对气象条件的要求不同。

（1）适宜水温：小龙虾生长适宜水温为 25～30 ℃，当温度低于 20 ℃或高于 32 ℃时，生长率下降，水温 15 ℃以下时幼体成活率极低。

（2）苗种繁育期：在苗种繁育期水温升至 20 ℃以上时，亲虾开始产卵。这样一般于春、夏、秋季交配，在正常情况下，交配产卵后的抱卵虾需要 1～2 个月的孵化过程(即胚胎发育)。

(3)抱卵虾孵化：适宜水温为 22～27 ℃，孵化时间 6～10 周。在 7～35 ℃范围内，水温越高，时间越短。在 35 ℃以上或 7 ℃以下时，受精卵不易孵化，即使孵化幼体也不易存活。期间若遇冷空气、寒潮、雨凇(冰冻)、倒春寒、低温阴雨寡照，孵化成活率较低。

(4)稚虾培育期：水温适宜范围为 27～29 ℃，且变化幅度不宜超过 2 ℃，若水温低于 20 ℃，生长速度减慢，将严重影响成活率，因此在整个培育期间都要保持水温的相对稳定。

(5)成虾生长期：成虾生长最适宜水温为 25～30 ℃，一般经过 2～3 个月饲养，体重可达 60～150 g。在 6—9 月水温适宜，是虾体生长旺期。

(6)亲虾越冬：一般情况下可自然越冬。

1.2.3 不同季节适宜水位指标

(1)越冬期前的 10—11 月，大田水位控制在 10～30 cm，使稻茬露出水面 10 cm 左右。

(2)越冬期间(12 月至翌年 2 月)，大田水位控制在 50～60 cm，因为越冬水温较低，小龙虾畏寒；3 月以后，一般水温达到 12 ℃以上，小龙虾就开始生长，故这时水位要稍微降低，控制在 20～30 cm。

(3)4 月中旬以后，虾沟水位应逐渐提高至 50～60 cm，有利于提高产量。冬季要保持虾沟(塘)水深 1 m，并保持水位稳定，以利亲虾和幼虾越冬。

1.3 小龙虾产业发展现状

中国是全球最大的小龙虾生产国，主要集中在江苏、湖北、安徽等省份，其中湖北省是最大的生产区。在中国，小龙虾已基本形成较为完整的产业链条，包括养殖、加工和销售等，不仅为当地农户增产创收，也推动了相关产业的发展。本节根据《中国小龙虾产业发展报告(2023)》(于秀娟 等，2023)，详细介绍中国小龙虾产业的发展现状。

1.3.1 产业规模

小龙虾产业的第一产业以养殖为主，以及苗种生产；第二产业以小龙虾加工为主，以及调味品加工、饲料加工、捕捞网具和船只制造、加工设备制造等；第三产业以餐饮为主，以及流通、休闲渔业等。

据测算，2022 年我国小龙虾产业综合产值 4580 亿元(统计数据未包括港澳台地区，下同)。其中，第一产业产值 960 亿元，占 20.96%；第二产业产值 498 亿元，占 10.87%；第三产业产值 3122 亿元，占 68.17%(图 1.1)。2022 年小龙虾产业综合产值和第一、二、三产业产值分别同比增长 8.48%和 16.58%、35.14%、3.04%。

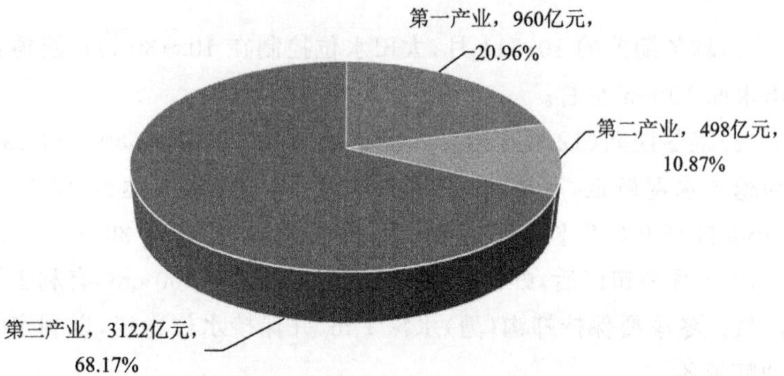

图 1.1 小龙虾第一、二、三产业产值及占比

1.3.2 养殖生产

1.3.2.1 面积和产量

根据 2016—2022 年小龙虾养殖面积(图 1.2)、产量的增长(图

1.3)和小龙虾在淡水养殖产量中的占比,我国小龙虾产业保持着较好的发展势头。2022 年,我国小龙虾养殖面积为 2800 万亩[①],较 2021 年同比增长了 7.69%,年产量为 289.07 万 t,同比增长 9.76%。

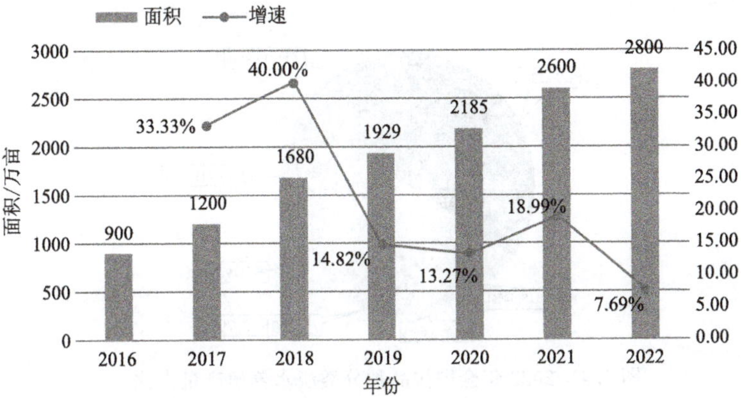

图 1.2　2016—2022 年全国小龙虾养殖面积及增速

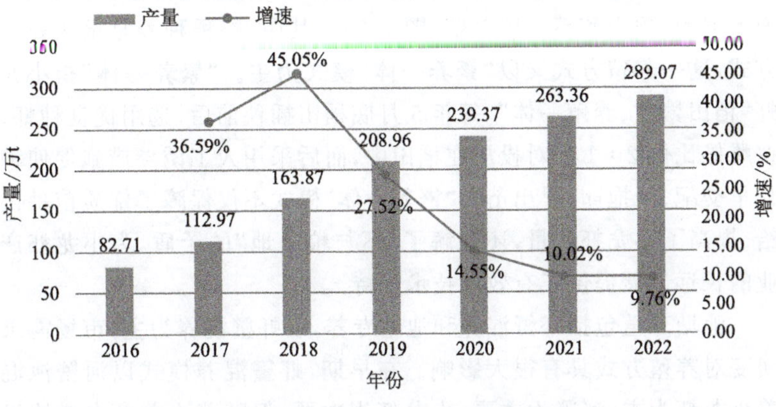

图 1.3　2016—2022 年全国小龙虾养殖产量及增速

值得注意的是,2022 年小龙虾养殖产量在全国淡水养殖总产量

① 1 亩≈666.67 m^2,下同。

中占比达到了8.79%(图1.4),同比提升了0.51%,首次超过了鲫鱼和鲤鱼,位列我国淡水养殖品种的第4位(前3位分别是草鱼、鲢鱼、鳙鱼),这标志着小龙虾产业在我国淡水养殖中的地位进一步提高。

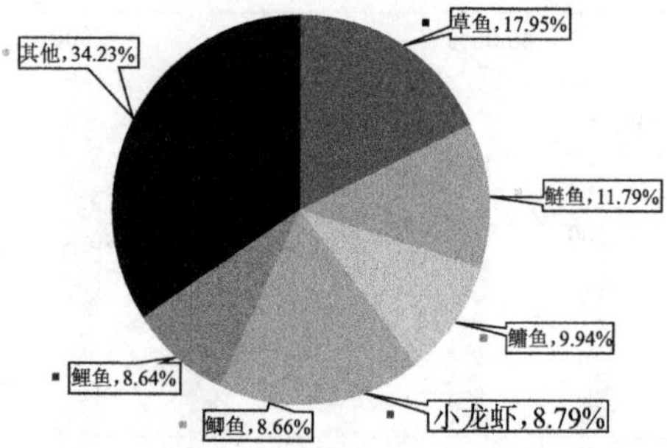

图1.4　2022年全国按品种分类淡水养殖产量占比

1.3.2.2　养殖方式

小龙虾养殖采用多种方式,主要包括虾稻种养、池塘养殖、大水面增养殖、藕田和茭白田养殖(图1.5)。其中,虾稻种养是最主要的方式,这一养殖方式又以"繁养一体"模式为主。"繁养一体"指小龙虾"稻田繁殖、养殖一体",每年5月底稻田插秧前后,选用优良种虾,按雌雄比例2∶1配对投放在稻田中,而后采用人工诱导措施促使种虾早交配、早抱卵、早出苗。"繁养一体"模式不仅保障了优质苗种供给、提高了小龙虾产量,还缓解了"不与粮争地"的矛盾,为小龙虾产业的长远发展提供了有效的技术支持。

池塘养殖包括虾蟹混养和池塘专养,以虾蟹混养为主,市场需求演变对养殖方式具有很大影响。在早期,虾蟹混养模式以河蟹池混养小龙虾为主,河蟹为主要、小龙虾为次要,但随着小龙虾在餐饮界的地位逐步提升,虾蟹混养模式逐渐向小龙虾为主要、河蟹为次要转变。

1.3.2.3　苗种供应

小龙虾苗种繁育方式主要有稻田、池塘和藕田自繁。湖北地区

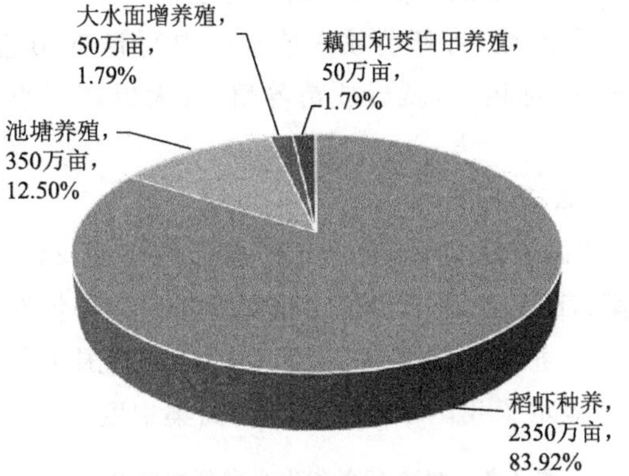

图1.5　小龙虾养殖方式面积占比

在中国小龙虾养殖中扮演着重要的角色，特别是在苗种供应方面，其育苗量远远超过投苗量，具有充足的苗种生产能力。这不仅满足了湖北本省的小龙虾养殖需求，还使其成为周边省份的主要苗种供应地。安徽、湖南、江苏、江西等地从湖北获得小龙虾苗种，整体上实现了苗种的自给自足。

由于小龙虾自繁自育存在很大弊端，并考虑到市场对优质苗种的持续需求，各地纷纷加强了对小龙虾良种场和规模化苗种场的建设。湖南建设了3个省级良种场和4个市级良种场；安徽建立了1个省级良种场；江苏有135家企业从事专池繁育，温室大棚仿生态人工繁育，总面积达23万亩，年育苗量达1万t；江西建设了230多处小龙虾苗种繁育基地、8个小龙虾良种繁育中心，基本建立了鄱阳湖水系小龙虾良种生产体系。这些良种场和规模化苗种场的建设为小龙虾产业提供了更加可控和优质的苗种，提高了养殖效益、产量和产值。

此外，近年来，江苏、湖南等地推动了小龙虾“水花苗”的市场推广应用。这种“水花苗”适宜长途运输，在当地进行繁育后，运输到养殖地进行“标粗”(在养殖过程中为了节约饵料，提高饵料的利用率，提高虾苗的成活率，增强虾苗对养殖水环境的适应能力，会在养殖水体中隔离出一个区域，将虾苗放入该水体中暂养 30 d 左右，将这段时间的暂养称为“标粗”），就近放苗养殖，极大提高了小龙虾苗种的成活率。

1.3.2.4 区域分布

2022 年，我国有小龙虾养殖产量报告的省份 24 个。其中，湖北、安徽、湖南、江苏、江西 5 个传统小龙虾养殖大省仍然占据绝对主导地位（表 1.1），养殖产量高达 263.74 万 t，占全国小龙虾养殖总产量的 91.27%，显示了我国小龙虾养殖的高集中度。

表 1.1 2022 年各省份小龙虾养殖产量

排序	省份	产量/t	排序	省份	产量/t
1	湖北	1138392	13	云南	2490
2	安徽	595239	14	贵州	2480
3	湖南	423591	15	陕西	1998
4	江苏	267161	16	广东	1974
5	江西	213054	17	新疆	979
6	四川	64681	18	黑龙江	701
7	山东	60086	19	海南	327
8	河南	53338	20	山西	307
9	浙江	34630	21	上海	256
10	重庆	15176	22	甘肃	13
11	广西	11122	23	宁夏	8
12	福建	2676	24	河北	5

按县域排名，全国小龙虾养殖产量超 2 万 t 的县（市、区）有 42 个，超 3 万 t 的县（市、区）有 20 个（表 1.2）。超 3 万 t 的县（市、区）

中，湖北有 8 个、安徽有 6 个、湖南有 3 个、江苏有 3 个（表 1.2）。20 个县（市、区）小龙虾总产量 136.90 万 t，占全国小龙虾养殖总产量的 47.36%。

表 1.2　2022 年小龙虾产量超过 3 万 t 的县（市、区）

排序	县（市、区）	产量/t	排序	县（市、区）	产量/t
1	湖北省监利县	16.27	11	湖北省黄梅县	4.88
2	湖北省洪湖市	13.32	12	湖南省沅江市	4.86
3	江苏省盱眙县	12.30	13	湖北省石首市	4.79
4	湖北省潜江市	12.19	14	江苏省泗洪县	4.23
5	湖南省南县	11.27	15	江苏省兴化市	3.67
6	安徽省霍邱县	9.40	16	湖北省汉川市	3.58
7	湖北省沙洋县	6.65	17	安徽省无为市	3.42
8	湖北省公安县	6.30	18	安徽省定远县	3.31
9	安徽省全椒县	5.10	19	安徽省长丰县	3.25
10	湖南省华容县	5.06	20	安徽省宿松县	3.05

1.3.3　加工和流通

近年来，小龙虾加工流通业与养殖生产和餐饮消费业相互带动，初步形成了加工流通业为“干”贯通产加销的体系。

1.3.3.1　加工

2022 年，全国小龙虾加工量为 121.68 万 t，比 2021 年增加 36.68 万 t；规模以上小龙虾加工企业有近 200 家，比 2021 年增加近 40 家，主要集中在湖北，有 110 余家规模以上小龙虾加工企业。

小龙虾加工产品分为初级加工产品、预制菜品、休闲食品和精深加工产品。初级加工产品主要是速冻制品，包括速冻虾尾、虾仁和整肢虾。2022 年，由于新冠疫情原因致使经济下行，所以小龙虾原料价格上涨、速冻虾尾销售不畅，部分以生产速冻虾尾为主的加工企业出现亏损，催动了预制菜的迅猛发展。小龙虾预制菜主要产品为调味虾，包括调味整肢虾、调味虾尾等。小龙虾休闲食品因便于携带、保存，应用场景丰富，近年来逐渐得到重视。小龙虾精深加工稳步发展，体量较小，主要集中在湖北，加工产品主要是从废弃的虾壳中提炼的甲壳素、氨糖、壳聚糖、虾青素等。

除了小龙虾加工，小龙虾饲料和小龙虾调味品加工也在快速发展。据不完全统计，2022 年，全国小龙虾饲料加工企业约 200 家，产量约 150 万 t，产值约 100 亿元。2022 年，国内豆粕、鱼粉等饲料原料价格暴涨，小龙虾饲料价格也随之上涨，促使饲料加工企业加大了替代蛋白原料和工艺的研发与应用。小龙虾调味品受到市场青睐，湖北小龙虾调味料产值近 16 亿元，江苏盱眙有 2 家年产值 6000 万元以上的小龙虾调味料加工企业。

1.3.3.2 流通

目前小龙虾销售主要有四种方式：农村小商小贩收购，农贸或水产品交易市场收购，直供商超酒店餐馆，电商直播带货等线上销售。

近年来，各地注重建设小龙虾交易市场，促进了小龙虾流通体系的不断健全。湖北建有小龙虾交易市场 300 多个，其中大型交易市场 7 个、产地集散点 600 多个、村镇集散点 600 多个，物流运输线路覆盖全国主要消费市场。江苏小龙虾流通向线上线下融合发展快速转变，盱眙与阿里巴巴、京东、美团等平台深入合作，推动盱眙龙虾走向全国。安徽合肥建有各类小龙虾交易市场 20 多个，消费旺季日均交易量超 1000 t。江西具有一定规模的小龙虾交易市场 40 多处，全省各类小龙虾物流运输组织或营销户 900 多个。山东鱼台高标准打造小龙虾交易市场，建设信息化平台，吸引众多企业入驻；微山电商产业园聚集近百名网红主播，通过直播带货方式，广开小龙虾销售渠道。湖南洞庭湖区各类农产品批发市场 30 多处，均从事小龙虾交易。

小龙虾的流通正在通过多元化渠道不断推进，各地线下交易市场的建设和线上合作为小龙虾产业提供了良好的发展空间。

1.3.4 市场消费和进出口贸易

1.3.4.1 市场价格

2022年,小龙虾价格总体保持稳定,综合平均价格有所上涨,小虾(4钱[①]以下)价格涨幅较大,养殖户普遍盈利,中虾(4～6钱)和大虾(7～9钱)价格同比有所下降,两虾(1两[②]以上)价格一直处于高位。小龙虾价格周期性明显,一般而言,1—2月和11—12月价格最高,5—6月处于最低点。

1.3.4.2 餐饮消费

小龙虾的传统消费旺季为5—7月,其可谓是夏日美食代表。但随着近年来养殖模式的创新,加工、低温仓储保鲜、暂养等技术的应用,以及养殖扩张,小龙虾实现了错开上市,消费旺季延长。从大街小巷的路边摊到高端餐厅的精致佳肴,小龙虾的受欢迎程度可见一斑。

小龙虾消费渠道分为线下和线上消费。2020年,新冠疫情发生后,小龙虾餐饮市场格局改变,线下消费疲软,线上消费大幅增长;2021年,小龙虾线下消费基本恢复,线上消费保持较快增长;2022年,新冠疫情多点散发频发,线下消费持续承压,线上消费继续保持较快增长。据2022年库润数据统计,1000名采访者样本中,龙虾烧烤是最受欢迎的夜宵选择,传统口味的小龙虾是市场的主流选择,如麻辣味、蒜蓉味,但越来越多的新颖口味也逐渐被消费者所接受,如卤虾、椒盐味。

1.3.4.3 进出口贸易

中国小龙虾的出口量在近年来也显著增加,主要出口地为欧洲、美国、日本等地,体现了中国小龙虾产品在国际市场上的竞争力,也推动了国内产业的标准化、国际化进程。

---

① 1钱=5 g,下同。

② 1两=50 g,下同。

根据海关有关统计数据，2022 年，我国小龙虾出口量 9235.33 t，出口额 13048.46 万美元；小龙虾进口量 189.70 t，进口额 400.33 万美元。小龙虾进出口贸易顺差 12648.13 万美元。

1.3.5 品牌建设和节庆活动

1.3.5.1 品牌建设

中国小龙虾产业已完成了从传统养殖到现代化产业链的发展，为进一步推广小龙虾文化，许多地区举办了以小龙虾为主题的节庆活动和美食节，吸引了大量游客。同时，众多企业和品牌也在积极打造自己的小龙虾品牌形象，从而提升产品的附加值和市场竞争力。

江苏拥有盱眙龙虾、邵伯龙虾、高邮湖龙虾等知名品牌，根据中国农业大学国家农业市场研究中心测算，2022 年盱眙龙虾品牌价值 306.5 亿元。湖北则全力打造潜江龙虾品牌，将潜江龙虾作为省级核心大品牌重点培育，推动品牌共建共享公用，根据武汉大学质量发展战略研究院测算，2021—2022 年度潜江龙虾品牌价值 288.9 亿元。湖南以南县小龙虾为引领，望城荷花虾、君山小龙虾、华容小龙虾等品牌齐头并进，共同唱响洞庭湖小龙虾。安徽拥有合肥龙虾、全椒龙虾、霍邱龙虾等知名品牌，合肥龙虾成为合肥美食的靓丽名片。江西积极推进鄱阳湖区域公共品牌，全省鄱阳湖品牌小龙虾专卖店 200 多家，每年销量 3 万多吨。还有四川开江小龙虾、兴文石海小龙虾、雁江中和小龙虾，山东鱼台龙虾、微山湖小龙虾、高青龙虾，重庆潼南红小龙虾，广西贵港富硒小龙虾等，均形成了一定的品牌影响力和市场知名度。

1.3.5.2 节庆活动

近年来，各地纷纷举办各类以小龙虾为主题的节庆展会活动，以此为媒介打造小龙虾城市品牌，展示推广当地风土人情，促进消费增长。一些节庆活动已经成为当地小龙虾产业和城市的金字招牌，如江苏的盱眙国际龙虾节、邵伯湖旅游龙虾节连续举办 22 届，湖北（潜江）龙虾节连续举办 13 届，安徽的合肥龙虾节连续举办 21 届。

第2章　湖北小龙虾产业概况

湖北省是国内小龙虾最大的生产省份，在湖北，小龙虾已基本形成较为完整的产业链条。根据湖北省农业农村厅、省财政厅文件精神，将“潜江龙虾”规定为湖北省唯一小龙虾区域公用品牌。小龙虾产业是潜江市现代农业发展的特色品牌和突出亮点，潜江龙虾产业在全国“两分天下有其一”，在湖北省占有龙头领先地位，享有“世界龙虾看中国，中国龙虾看湖北，湖北龙虾看潜江”的美誉，潜江龙虾为地理标志证明商标。至2022年底，潜江市现已构建全国最大的小龙虾养殖基地，小龙虾养殖面积达90万亩，小龙虾全产业综合产值突破660亿元。

2.1　湖北小龙虾产业发展政策

2.1.1　《省农业农村厅省财政厅关于支持小龙虾产业高质量发展的实施意见》

《省农业农村厅省财政厅关于支持小龙虾产业高质量发展的实施意见》(鄂农发〔2023〕25号)对有关市、县人民政府，省直有关单位的要求：

(1)聚力打造“潜江龙虾”品牌。将“潜江龙虾”作为全省唯一小龙虾区域公用品牌进行宣传推广，建立品牌发展联席会议制度，制定“潜江龙虾”品牌管理办法，完善品牌共建共享机制，明确准入条件和退出机制，推进公用品牌与企业品牌协同发展，打造全国最具影响力的小龙虾区域公用品牌。

(2)扩大小龙虾节会影响。将湖北(潜江)龙虾节升格为省级节会,每年由省文化旅游厅、省农业农村厅和省直相关部门联合主办,潜江市人民政府承办,采取“1个主会场+N个分会场”等形式。共同打造全国最具魅力的小龙虾特色节会。省内其他地方原则上不再举办小龙虾节会。

(3)坚持标准与创新引领。推进“潜江龙虾”标准体系持续提档升级,创新推出一批省级、国家级行业标准,打造全国小龙虾全产业链发展标杆。成立小龙虾全产业链省级专家小组,重点攻关“四季有虾”等产业难题,加大创新研发与成果转化力度。

(4)持续巩固交易市场地位。构建高标准小龙虾市场体系,发布“潜江龙虾”价格指数。支持潜网生态小龙虾产业园集团(以下简称潜网)等七大小龙虾交易市场提升信息化等服务水平,打造全国最大的小龙虾交易中心。

(5)培育发展新业态。推动小龙虾产业农文旅融合,支持潜江生态龙虾城打造全国小龙虾美食消费目的地。鼓励地方实施“百城万店”工程,围绕品牌、产品、厨艺输出,打造一批“潜江龙虾”餐饮连锁店。

(6)加强产业专业人才培养。发挥各地职业培训院校和机构作用,加强小龙虾产业人才培训。支持潜江龙虾学院打造全国小龙虾全产业链人才培养输出高地。

2.1.2 《省农业农村厅省财政厅关于印发落实“虾十条”工作方案的通知》

《省农业农村厅省财政厅关于印发落实“虾十条”工作方案的通知》(鄂农发〔2023〕30号)对有关市、县人民政府,省直有关单位的要求:

(1)关于优化“潜江龙虾”品牌形象工作措施:重新设计“潜江龙虾”区域公用品牌logo(标志)、吉祥物和卡通形象,拍摄专题宣传片,创作简单好记、通俗易懂的宣传语。

(2) 关于强化“潜江龙虾”品牌宣传工作措施：在中央电视台、《人民日报》、新华网等传统媒体和抖音、快手、小红书等新媒体上加大宣传力度，在客流量大的高铁、飞机、高速路等开展营销宣传，在武汉、北京、上海等人流量大的地方投放宣传广告。

(3)关于规范“潜江龙虾”品牌使用工作措施：成立省级小龙虾产业协会，制定品牌管理办法，明确准入条件和退出机制，实行“区域公用品牌＋企业子品牌”模式，2023—2028 年为品牌无偿使用期。组织潜江市政府与相关小龙虾主产县(市、区)政府签订共同使用“潜江龙虾”品牌合作协议，在产品包装、企业门楼、餐饮门头上统一贴挂“潜江龙虾”品牌标识。

(4)关于建立“潜江龙虾”品牌共建共享机制工作措施：建立“潜江龙虾”品牌联席会议制度，明确召集人、成员单位和职能职责，联席会议办公室由潜江市政府负责落实，每季度至少召开一次联席会。

(5)关于举办湖北小龙虾节主会场活动工作措施：每年 6 月举办湖北(潜江)龙虾节，由省文化和旅游厅、省财政厅、省农业农村厅和省直相关部门作为联合主办单位，潜江市政府具体承办并提出整体活动方案，组织开展博览会、产销对接会、文艺演出、论坛交流、烹饪大赛、万人龙虾宴、彩虹音乐节等系列精彩活动。

(6)关于同步举办分会场活动工作措施：采取“1 个主会场＋N 个分会场”的形式，在监利市、洪湖市、沙洋县、公安县、黄梅县设立分会场，其他分场会每年 3 月底前由各地自愿向省农业农村厅申报，当年 4 月组织召开专题协调会，确定活动总体安排。

(7) 关于开展系列推介活动工作措施：组织相关企业在国际、国内和省内展会活动上设立“潜江龙虾”展台，在全国主要消费城市每年轮流举办至少 3 次专题推介活动。

2.2 潜江小龙虾产业发展现状

潜江市贯彻中央、省、市农村工作会议精神和湖北省委省政府"产业强省"战略部署，牢固树立大抓产业、抓大产业的发展理念，全力以赴补链延链强链，高起点、高标准、高水平打造小龙虾优势特色全产业链，成功创建国家现代农业科技示范园、国家农村产业融合发展示范园、国家农业现代化示范区，先后获评中国小龙虾之乡、中国虾稻之乡、中国小龙虾加工出口第一市、中国小龙虾美食之乡，成就了"世界小龙虾看中国，中国小龙虾看湖北，湖北小龙虾看潜江"的美誉。

2.2.1 产业发展情况

(1)推进养殖模式升级。潜江是"虾稻连作"的发源地，也是"虾稻共作"的创新地，虾稻共作被农业农村部专家誉为中国现代农业的成功典范、农业供给侧结构性改革的标杆和乡村振兴的好模式。目前，潜江市小龙虾养殖总面积 90 万亩，其中虾稻共作面积达 85 万亩，建成了 13 个万亩和 70 个千亩集中连片虾稻共作标准化生态种养基地，形成了布局合理、集中连片、产销功能齐全的潜江龙虾养殖新格局。

(2) 技术跟踪服务。推广虾稻共作标准模式、立体模式、复合模式三种模式，开展现场教学、线上指导、跟踪服务等多种形式的技术培训，重点推广虾稻共作复合模式。2022 年全年开展集中培训 34 期，培训农民 6000 人次，深入田间地头开展技术服务、技术指导 1200 人次。编印发放《虾稻共作明白纸》《水产标准化生产养殖日志》《潜江水产》《小龙虾养殖气象服务专报》等技术资料 4 万册。2022 年在全市冬季空闲稻田推广"虾稻共作＋虾稻连作"复合模式 50000 亩，据测算，虾稻共作复合模式亩平增收 7000～8000 元，单项增产 1 亿元以上。

(3)加强科研技术攻关。潜江成立了全国首家省级小龙虾产业技术研究院湖北省小龙虾产业技术研究院，有办公场所及设备，有科研技术人员队伍，建设有试验基地。该研究院与华中农业大学、湖北省水产科学研究所等相关科研院所签订合作协议。

(4) 推动渔业绿色循环发展。推进渔业绿色循环发展实验试点项目，利用 2021 年省级渔业发展补助资金，做好白鹭湖农场新湖分场 2800 亩投资 428 万元的精养鱼池、熊口镇赵脑村 10500 亩投资 3150 万元的虾稻共作基地集中连片尾水治理项目。

2.2.2 产业发展情况

(1)园区建设及招商引资。高标准规划建设现代农业科技示范园，2022 年 4 月总投资 26.28 亿元的莱克水产、新柳伍水产两家加工企业已投产，园区实现 40 万 t 的生产能力。园区水、电、气、路、污水处理等相关配套设施逐步完善，保障了企业生产经营。实施“满园工程”，招引企业入园。海大、湖耕、新柳伍扩规、交投冷链、中储粮、粮油集团项目将陆续入园，扬名、文和友等知名项目正在积极洽谈之中。

(2)项目扶持及企业培育。现有小龙虾加工企业 37 家，其中国家级农业产业化龙头企业 2 家，省级农业产业化龙头企业 7 家，市级农业产业化龙头企业 13 家，年加工能力达到 50 万 t 以上，小龙虾出口创汇 1.5 亿美元，连续 16 年领跑全国，在世界淡水小龙虾产品市场拥有第一话语权。2022 年利用中央渔业发展补助资金、小龙虾产业提质增效等项目，加快加工企业冷链设备升级改造，推动企业扩规上档。培育莱克水产为湖北农业发展集团国资控股企业，柳伍水产为上市公司安井集团控股企业；培育神尊、晓飞歌、绿亿园 3 家省级龙头企业，扶持潜网集团新增商贸限上企业 32 家。

(3)新设备及新产品研发。推动潜江龙虾加工业现代化、自动化、智能化转型，柳伍自动剥虾机、神尊全自动化加工生产线等新设备已投入使用。开展小龙虾加工产品技术研发与创新，神尊“虾茶之恋”、多优多“抓鱼的猫”等休闲、代餐产品相继问世。

2.2.3 产业发展情况

(1)锻优流通，辐射带动。建立了“虾谷 360”“京东潜江馆”“翼之虾”等电商交易平台，建成全国最大的小龙虾交易中心，在周边省市设立分中心 17 个，构建覆盖全国 500 多个大中城市的冷链物流网，高峰期日均交易量可达 1500 t。整合地方财政资金 3000 万元支持潜网交易中心 D 区扩规，2022 年项目已竣工并投入运营，增加交易档口 56 个，新建物流信息平台和 10 万 t 冷链仓储。全年交易量 20.02 万 t，交易额达 110 亿元，同比去年交易量上涨 20.46%，交易额上涨 26.49%，潜网集团中国小龙虾交易中心获批国家级农产品产地专业市场。

(2) 深耕文化，推广美食。全国现有潜江龙虾餐饮直营和加盟店 3000 多家，从业人员近 2 万人。建成了全国最大的以龙虾文化为主题，集生态度假旅游、龙虾美食、文化展示、娱乐购物为一体的生态龙虾城，聚集了以“虾皇”“楚虾王”“虾味传奇”等为代表的潜江龙虾餐饮名店，创新推出油焖大虾、蒜茸虾、清蒸虾、卤虾等 118 道小龙虾菜品，其中“油焖大虾”“蒜茸虾”入选中国名菜，潜江成为“小龙虾美食地标城市”。

(3)助推电商，发展新业态。支持潜网、晓飞歌、柳伍、龙虾云、翼之虾、湖耕、楚虾王等企业建立电商直播基地，搭建本地自主网销平台，建立账号创建直播间。龙虾节期间开展了“潜江市乡村网红孵化基地”揭牌暨“助力乡村振兴”直播带货签约仪式等精彩活动。同时，鼓励企业与京东、淘宝、抖音、斗鱼、快手等平台合作，资源互促共赢。

2.2.4 品牌建设情况

(1)举办节会文化活动。成功举办 13 届湖北(潜江)龙虾节和 6

届虾-稻产业国际博览会，成为集“美食盛宴、文化盛典、经贸盛会”于一体的文化节会，被授予“中国最具地方特色物产节会”荣誉称号。潜江市先后被评为“中国节庆品牌示范基地”“中国最具魅力节庆城市”。

(2)丰富品牌宣传活动。大力开展潜江龙虾品牌宣传活动，在汉口火车站投放“潜江龙虾 世界共享”的广告，中央电视台《山水间的家》拍摄潜江龙虾丰收场景，在中央电视台(CCTV-2)投放宣传广告，与湖北卫视联合拍摄《鄂鱼天下——世纪风暴小龙虾》专题片，在垄上频道《荆楚原产地》播出《潜江龙虾 世界共享》，在韩国 MBC 电视台专题报道潜江龙虾，向全网推介潜江龙虾的品牌“新钳力”。

(3)品牌走出去活动。秉持“潜江龙虾 世界共享”理念，与全国 82 个地区和企业签订了战略合作协议，与近 40 个县(市、区)、100 多家市场主体开展品牌运营合作，实现“潜江龙虾”区域公用品牌共建共享共用。其后又开展潜江龙虾走进重庆、四川、新疆等活动，参加湖北省第三届(荆门)园博会、第十届中国食材电商节、世界大健康博览会、第十九届东博会等展会活动，成功打开全国小龙虾消费市场，潜江龙虾市场认可度空前提升。

2.3 潜江小龙虾地理气候优势

2.3.1 潜江地理概况

潜江市位于江汉平原腹地，介于东经 112°29′—113°01′，北纬 30°04′—30°39′(图 2.1)。北依汉水，南临长江，地处汉江下游，跨东荆河与上、下西荆河两岸；东抵仙桃市，西接荆门、荆州两市，南与监利毗邻，北与天门市一衣带水，隔江相望。潜江市最东端在东荆河左岸幸福闸之东，西端在四湖中干渠(总干渠上游段)右岸西黄家台，南端在五岔河南的窑台，北端在汉江右岸的刘家伙。东西横距

51.3 km，南北纵长 64.4 km，面积 2004 km²。潜江市辖 1 个国家高新技术产业开发区、6 个国有农场、10 个乡镇、7 个街道。

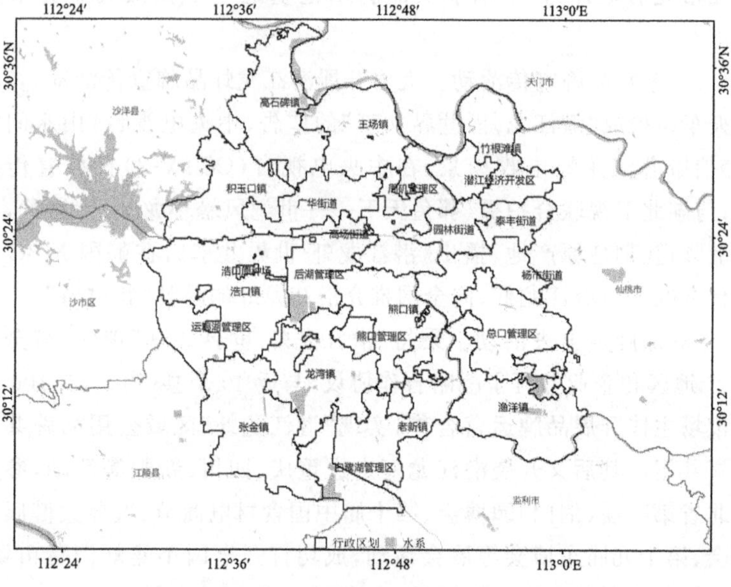

图 2.1　潜江市行政分布图

（第一次全国气象灾害风险普查 武汉区域气候中心制 制作时间 2022-12-29）

2.3.2　潜江地形地貌

潜江市在地质构造上是江汉盆地的一部分，境内呈现出河渠交织、堤防纵横、滩堤突起、垸田低平、碟状湖池错落其间的平原地貌景观。潜江无山，地势低平，由北向南、由东荆河向其东西两侧腹地略呈倾斜。最高处在北部汉江右岸河堤村的朋滩及共和村的中端台，海拔均为 38 m，最低处在南部两大垸农场的水产队，海拔 24 m。

2.3.3　潜江自然资源

2.3.3.1 水资源

潜江市境内河渠纵横交错，湖泊星罗棋布，素有“鱼米之乡”美誉。汉江、东荆河等长江支流贯穿全境。百里长渠、城南河、田关河、西荆河等 21 条排灌干渠，借粮湖、返湾湖、冯家湖、白鹭湖、张家湖、苏湖等 6 个湖泊遍布潜江市，其中湖泊面积 2.7 万亩。

2.3.3.2 植被资源

潜江市有野生植物 330 多种。蕨类植物主要有石松、垂穗石松、水韭、木贼、节节草等 14 种。被子植物双子叶纲主要有三自草、蕺菜、化香树、桑、构树等 255 种。单子叶植物纲主要有白芽、燕麦、狗尾草等 63 种。

2.3.3.3 土地资源

潜江市土地总面积 289.4 万亩，占湖北全省土地总面积的 1.04%。其中，耕地面积 166.7 万亩，占 57.6%；园地面积 2.6 万亩，占 0.90%；林地面积 10.6 万亩，占 3.66%；草地面积 182.5 亩，占 0.006%；水面面积 73.2 万亩，占 25.29%；居民点及工矿用地面积 2.0 万亩，占 0.69%；交通用地面积 7.7 万亩，占 2.66%；未利用地面积 7.6 万亩，占 2.63%。

2.3.4 潜江气候特征

潜江市属亚热带季风候区，气候温润，四季分明；光照较足，雨热同季；春温多变，乍暖乍寒；初夏多涝，伏秋多旱；生长季长，严寒期短。具体如下。

2.3.4.1 光能较足，雨日充盈

年日照时数为 1682.3 h(1959—2022 年，下同)，日照百分率在 43%左右。年内日降水量大于等于 0.1 mm 的日数为 123.5 d，其中降雪日数较少，为 10 d 左右，大于等于 50 mm 的暴雨日数为 4 d 左右，大于等于 100 mm 的大暴雨日数平均 6 年左右一遇。

2.3.4.2 雨量充沛，雨热同季

年降水量 1163.9 mm，6 月最多为 171.0 mm，7 月次之为

162.5 mm,12 月最少为 28.6 mm。降水主要集中在 4—10 月,这种“雨热同季”的气候优势,对水产养殖有利。一年一度的梅雨,平均在 6 月中旬后期入梅,7 月中旬初出梅,20～30 d,降水量 200～400 mm,但最早在 5 月底 6 月初入梅,最迟在 7 月底 8 月初出梅。

2.3.4.3 严寒期短,少有冰冻

春季平均气温 16.4 ℃,夏季平均气温 27.3 ℃,秋季平均气温 17.5 ℃,冬季平均气温 5.3 ℃。根据 1959—2022 年平均日气温分析得出,7 月 28 日最热(图 2.2),日平均气温最高,为 29.3 ℃;1 月 16 日最冷,日平均气温最低,为 3.2 ℃。日平均气温≥10 ℃的活动积温,年平均达 5534 ℃·d,年无霜期为 250 d 左右。潜江市热量资源好,适宜小龙虾生长繁殖。

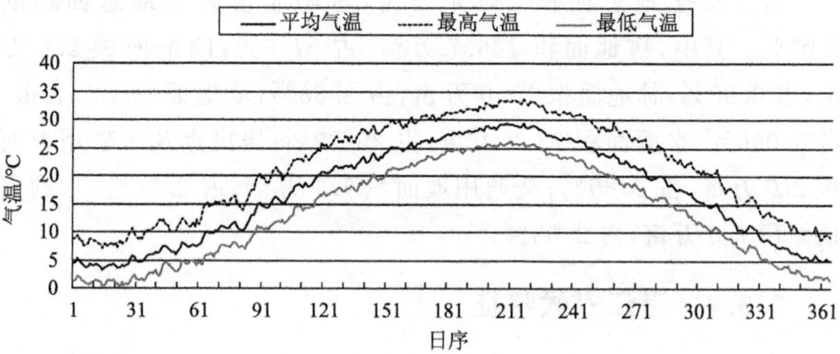

图 2.2　1959—2022 年潜江市平均每日平均气温、最高气温、最低气温逐日变化

第3章　小龙虾养殖生态模式

近年来，由于小龙虾经济价值高，国内小龙虾养殖面积逐渐扩大。国内龙虾养殖发展秉承着“生态、健康、高效、循环”的发展理念，实行生态健康的小龙虾养殖模式。主要模式有七种，其中以虾稻共作模式面积占比最大。

3.1　小龙虾养殖的七种主要模式

本节介绍七种小龙虾的主要养殖模式(孙新佳，2001)，分别是池塘精养、虾稻轮作、虾稻共作、虾蟹混养、与经济水生植物共(轮)作养殖、圩滩地养殖及林地养殖。

3.1.1　池塘精养

池塘精养模式是结合很多养殖经验的一种高密度养殖方式，有一个专业的养殖池塘，配备多名专业的养殖技术人员，养殖后期管理方便、节约资源，是一种更省时省力的养殖方式。池塘精养模式的优点在于其更加科学、专业，有利于提高养殖、科学养殖，实现小龙虾产量和利益最大化，是目前小龙虾养殖模式中最常见的一种。缺点是前期养殖投入较大、要求较多，高密度养殖的同时要求池塘水草的高覆盖率，但是高覆盖率的水草会导致过度的光合作用，使养殖水体中的二氧化碳消耗量远超生物呼吸的产生量，最终造成小龙虾精养池塘的 pH 长期处于过高范围，不利于小龙虾生长发育。

3.1.2 虾稻轮作

"虾稻轮作"模式是指先养殖一季虾(夏季),全部捕捞之后再进行水稻种植,在水稻收割完毕后,再重新养虾,种植水稻和养虾依次循环的养殖模式。这种养殖方式能够极大地提高土地的利用率,让稻田在闲置的时间内也可以发挥自己的价值,也可以减小稻飞虱、纹枯病的发病率和杂草危害。同时,为了保证虾的质量和安全,养殖户也会极大地降低稻田的农药和化肥使用量,使稻田生态环境得到明显改善。在保证了良好的生态环境下,水稻的产量也大大增加,据统计,"虾稻轮作"可以增加水稻产量 5%~10%。这种模式下小龙虾产量每年一般 50~100 kg/亩,高产可达 150 多千克。

3.1.3 虾稻共作

"虾稻共作"是指稻田一整年种植一季水稻,并同时养殖两季(夏季、秋季)虾,在种植水稻的同时养虾的养殖模式。虾稻共作田的布局主要为:沿稻田田埂外缘向稻田内开挖回形沟或田形沟,田边筑埂,埂上设防逃网。在水稻种植期间,小龙虾与水稻在稻田中同生共长。研究表明,"虾稻共作"模式充分利用了小龙虾和水稻生长季节对水分要求以及养分需求的互补原理,虾稻共生互利,生态效益显著;同时在调节温度、盛夏遮挡光照等方面起到良好的生态气象调节作用。

3.1.4 虾蟹混养

小龙虾和中华绒螯蟹(又称河蟹)的自然分布区、生长发育的环境高度接近,且生态习性也相似。通过在同一养殖池内同时饲养河蟹和小龙虾的方式,逐渐形成了虾蟹混养模式。但也正因为小龙虾、河蟹的生态习性相似,同时养殖两种容易出现抢占食物资源和生存空间的问题,所以在养殖池内应栽植复合型水草,水草覆盖率应达60%以上。水草不仅可作为蟹、虾的植物性饵料,还可作为其栖息、蜕壳、隐蔽场所。虾蟹混养模式中，由于小龙虾主要在 3—7 月生长，4—6 月陆续出售，剩下的小龙虾作为种虾进行自繁，留存作下一年的种苗，而河蟹主要在 6—10 月生长，10 月以后出售。所以小龙虾和河蟹二者在生长时间上可以兼顾，与单一品种的养殖模式相比，虾蟹混养模式更好地利用了水体，提高了经济效益。此模式不但能充分发挥水资源的生态效益，在获得更大的养殖经济效益的同时，还减少了单一河蟹养殖中各类风险因素带来的损失，给养殖户带来了双重的效益保障。

3.1.5 与经济水生植物共(轮)作养殖

与经济水生植物共(轮)作养殖模式是小龙虾与菰、莲、水芹、芡等水生蔬菜共作或轮作的生态种养模式，该模式目前主要是小龙虾与莲藕共作或轮作养殖。莲藕是莲科植物的肥大根茎，可餐食又可供药用，在我国大部分省份均有种植。与莲藕共作或轮作养殖是利用藕田空间养虾，通过构建莲藕和虾的互利共生关系，将优质水生蔬菜栽培与水产养殖结合在一起的生态循环农业养殖模式。在水土优渥的藕田里养小龙虾，能够使藕田的水资源、植物资源、浮游生物资源更加充分地被小龙虾利用，同时小龙虾的田间活动可以为藕田除草、灭虫、浅耕和增肥，最终达到莲藕与小龙虾双丰收的理想效果。

3.1.6 圩滩地养殖

圩滩地是由于历史原因(如兴修水利和洪涝灾害等)形成的大面积低洼地或是大面积低洼水面，其特点是地面凹凸不平、形状不规则，不利于农作物种植，一般被用作水产养殖。其水资源充足、水质良好、水位稳定，有利于小龙虾繁殖；地形复杂、饵料丰富，利于小龙虾养殖。小龙虾放养后，可以利用自身的繁育能力实现“一次放养，多年收获”。但是圩滩地内水草覆盖面一般较大，在自然条件下水草品种单一，容易出现季节性水草死亡，从而影响水质，进而影响小龙虾生长。

3.1.7 林地养殖

林地养殖模式作为一种新型养的殖模式,能够充分利用树林里的空间,进行养殖和栽培等生产活动,可以实现农林牧复合经营和经济多方面发展的目标。林地养殖小龙虾一般是在林地内,树木行与行之间的沟渠中进行养殖。因为林地内分布着大量高大的树木,不仅可以遮挡强烈的阳光,避免其直射水面,使水温急剧升高,创造出更有利于小龙虾生长发育的环境,还会产生大量的落叶,为小龙虾提供优质的遮蔽物,并且落叶腐烂后会形成大量的腐殖质,为小龙虾提供生长发育所需的营养物质。

3.2 虾稻共作高效生产生态模式

潜江是“虾稻连作”的发源地,虾稻共生模式由“虾稻连作”基础上发展而来,“虾稻共作”变过去“一虾一稻”为“两虾一稻”,延长了小龙虾在稻田的生长期,实现了一季双收,在很大程度上提高了产量和效益,是一种更先进的养殖模式。所谓虾稻共生是指利用稻田种一季中稻、全程养虾的种养结合的生态高效养殖模式。具体来说,就是种一季中稻、养两季虾,即每年的8—9月中稻收割前投放亲虾,或9—10月中稻收割后投放幼虾,第二年的4月中旬至5月下旬收获成虾,同时补投幼虾,5月底、6月初整田、插秧,8月、9月收获亲虾或商品虾,如此循环轮替的过程(陶忠虎 等,2013)。虾稻共生技术如下。

3.2.1 养虾稻田环境条件

(1)养虾稻田应生态环境良好,远离污染源;不含沙土,保水性能好。

(2)水源充足,排灌方便、不会被洪水淹没。

(3)面积大小不限,一般以50亩为宜。

3.2.2 稻田改造

(1) 挖沟。沿稻田田埂外缘向稻田内 7～8 m 处，开挖环形沟，堤脚距沟 2 m 开挖，沟宽 3～4 m，沟深 1.0～1.5 m。稻田面积达到 100 亩的，还要在田中间开挖“十”字形田间沟，沟宽 1～2 m，沟深 0.8 m。

(2)筑埂。利用开挖环形沟挖出的泥土加固、加高、加宽田埂。田埂加固时每加一层泥土都要进行夯实，以防渗水或暴风雨使田埂坍塌。田埂应高于田面 0.6～0.8 m，埂宽 5～6 m，顶部宽 2～3 m。

(3)防逃设施。稻田排水口和田埂上应设防逃网，排水口的防逃网应为 8 孔/cm(相当于 20 目)的网片，田埂上的防逃网应用水泥瓦作材料，防逃网高 40 cm。

(4)进、排水设施。进、排水口分别位于稻田两端，进水渠道建在稻田一端的田埂上，进水口用 20 目的长型网袋过滤进水，防止敌害生物随水流进入。排水口建在稻田另一端环形沟的低处。按照高灌低排的格局，保证水灌得进、排得出。

3.2.3 移栽植物和投放有益生物

虾沟消毒 3～5 d 后，在沟内移栽水生植物，如轮叶黑藻、马来眼子菜、水花生等，栽植面积控制在 10%左右。在虾种投放前后，沟内再投放一些有益生物，如水蚯蚓(投 0.3～0.5 kg/m^2)、田螺(投 8～10 个/m^2)、河蚌(放 3～4 个/m^2)等，既可净化水质，又能为小龙虾提供丰富的天然饵料。

3.2.4 养殖模式

3.2.4.1 投放亲虾养殖模式

每年的 8 月底至 9 月，往稻田的环形沟和田间沟中投放亲虾，每亩投放 20～30 kg。

(1)亲虾的选择

选择亲虾的标准如下。

①颜色暗红或深红色、有光泽、体表光滑无附着物。

②个体大，雌、雄性个体重应在 35 g 以上，雄性个体宜大于雌性个体。

③雌、雄性亲虾应附肢齐全、无损伤、无病害、体格健壮、活动能力强。

(2)亲虾投放

①亲虾来源：亲虾应从养殖场和天然水域中挑选。

②亲虾运输：挑选好的亲虾用不同颜色的塑料虾筐按雌、雄分装，每筐上面放一层水草，保持潮湿，避免太阳直晒，运输时间应不超过 10 h，运输时间越短越好。

③亲虾投放前，环形沟和田间沟应移植 40%～60%面积的漂浮植物。

④亲虾投放：亲虾按雌、雄性比(2～3)∶1 投放。投放时将虾筐反复浸入水中 2～3 次，每次 1～2 min，使亲虾适应水温，然后投放在环形沟和田间沟中。

3.2.4.2 投放幼虾养殖模式

如果是第一年养殖，错过了投放亲虾的最佳时机，可以在 4—5 月投放幼虾，每亩投放规格为 2～3 cm 的幼虾 1 万尾左右。如果是续养稻田，应在 6 月上旬插秧后立即酌情补投幼虾。

3.2.5 饲养管理

3.2.5.1 投饲

8 月底投放的亲虾除自行摄食稻田中的有机碎屑、浮游动物、水生昆虫、周丛生物及水草等天然饵料外，宜少量投喂动物性饲料，每日投喂量为亲虾总重的 1%。12 月前每月宜投一次水草，施一次腐熟的农家肥，水草用量为 150 kg/亩，农家肥用量为每亩 100～150 kg。

每周宜在田埂边的平台浅水处投喂一次动物性饲料，投喂量一般以虾总重量的 2%～5%为宜，具体投喂量应根据气候和虾的摄食情况调整。当水温低于12 ℃时,可不投喂。翌年3月,当水温上升到16 ℃以上时,每个月投两次水草,施一次腐熟的农家肥,水草用量为100～150 kg/亩,农家肥用量为50～100 kg/亩,每周投喂一次动物性饲料,用量为0.5～1.0 kg/亩。每日傍晚还应投喂一次人工饲料,投喂量为稻田存虾重量的1%～4%。可用的饲料有饼粕、麸皮、米糠、豆渣等。

3.2.5.2 经常巡查

调控水深。11—12月保持田面水深30～50 cm,随着气温的下降,逐渐加深水位至40～60 cm。翌年3月水温回升时用调节水深的办法来控制水温,促使水温更适合小龙虾的生长。调控的方法是:晴天有太阳时,水可浅些,让太阳晒水以便水温尽快回升;阴雨天或寒冷天气,水应深些,以免水温下降。

3.2.5.3 防止敌害

稻田的肉食性鱼类(如黑鱼、鳝、鲶鱼等)、老鼠、水蛇、蛙类以及各种鸟类及水禽等均能捕食小龙虾。为防止这些敌害动物进入稻田,要采取措施加以防备,例如,对肉食性鱼类,可在进水过程中用密网拦滤,将其拒于稻田之外;对鼠类,应在稻田埂上多设些鼠夹、鼠笼加以捕猎或投放鼠药加以毒杀;对于蛙类的有效办法是在夜间加以捕捉;对于鸟类、水禽等,主要办法是进行驱赶。

3.2.6 水稻栽培

3.2.6.1 水稻品种选择

养虾稻田一般只种一季稻,水稻品种要选择叶片开张角度小,抗病虫害、抗倒伏且耐肥性强的紧穗型品种。

3.2.6.2 稻田整理

稻田整理时,田间还存有大量小龙虾,为保证小龙虾不受影响,建议一是采用稻田免耕抛秧技术,所谓“免耕”,是指水稻移植前稻田不经任何翻耕犁耙。二是采取围埂办法,即在靠近虾沟的田面,围上一周高30 cm、宽20 cm的土埂,将环沟和田面分隔开,以利于田面整理。要求整田时间尽可能短，以免沟中小龙虾因长时间密度过大而造成不必要的损失。

3.2.6.3 施足基肥

对于养虾一年以上的稻田，由于稻田中已存有大量稻草和小龙虾，腐烂后的稻草和小龙虾粪便为水稻提供了足量的有机肥源，一般不需施肥。而对于第一年养虾的稻田，可以在插秧前的 10～15 d，亩施用农家肥 200～300 kg、尿素 10～15 kg，均匀撒在田面并用机器翻耕耙匀。

3.2.6.4 秧苗移植

秧苗一般在 6 月中旬开始移植，采取浅水栽插，条栽与边行密植相结合的方法，养虾稻田宜提早 10 d 左右。无论是采用抛秧法还是常规栽秧，都要充分发挥宽行稀植和边坡优势技术，移植密度以 30 cm×15 cm 为宜，以确保小龙虾生活环境通风、透气性能好。

3.2.7 稻田管理

3.2.7.1 水位控制

稻田水位控制基本原则是：平时水沿堤，晒田水位低，虾沟为保障，确保不伤虾。具体为：3 月，为提高稻田内水温，促使小龙虾尽早出洞觅食，稻田水位一般控制在 30 cm 左右；4 月中旬以后，稻田水温已基本稳定在 20 ℃以上，为使稻田内水温始终稳定在 20～30 ℃，以利于小龙虾生长，避免提前硬壳老化，稻田水位应逐渐提高至 50～60 cm；越冬期前的 10—11 月，稻田水位以控制在 30 cm 左右为宜，这样既能够让稻蔸露出水面 10 cm 左右，使部分稻蔸再生，又可避免因稻蔸全部淹没水下，导致稻田水质过肥缺氧，而影响龙虾的生长；越冬期间，要适当提高水位进行保温，一般控制在 40～50 cm。

3.2.7.2 合理施肥

为促进水稻稳定生长，保持中期不脱力，后期不早衰，群体易控制，在发现水稻脱肥时，建议施用既能促进水稻生长、降低水稻病虫害，又不会对小龙虾产生有害影响的生物复合肥（具体施用量参照生物复合肥使用说明)。其施肥方法是:先排浅田水,让虾集中到环沟中再施肥,这样有助于肥料迅速沉淀于底泥并被田泥和禾苗吸收,随即加深田水至正常深度;也可采取少量多次、分片撒肥或根外施肥的方法。严禁使用对小龙虾有害的化肥,如氨水和碳酸氢铵等。

3.2.7.3 科学晒田

晒田总体要求是轻晒或短期晒,即晒田时,使田块中间不陷脚,田边表土不裂缝和发白,以见水稻浮根泛白为适度。田晒好后,应及时恢复原水位,尽可能不要晒得太久,以免导致环沟小龙虾密度因长时间过大而产生不利影响。

3.2.8 常见疾病及防治

克氏原螯虾常见疾病有甲壳溃烂病和纤毛虫病。

甲壳溃烂病病原为细菌,症状表现为初期病虾甲壳局部出现颜色较深的斑点,然后斑点边缘溃烂、出现空洞。防治方法:①避免损伤;②饲料要投足,防止争斗;③用10～15 kg/亩的生石灰兑水全池泼洒,或用2～3 g/m^3 的漂白粉全池泼洒。注意生石灰与漂白粉不能同时使用。

纤毛虫病病原为纤毛虫,症状表现为纤毛虫附着在成虾、幼虾、幼体和受精卵的体表、附肢、鳃等部位,形成厚厚的一层“毛”。防治方法:①用生石灰清塘,杀灭池中的病原;②用3%～5%的食盐水浸洗虾体,3～5 d为一个疗程;③用0.3 mg/L四烷基季铵盐络合碘全池泼洒;④投喂克氏原螯虾蜕壳专用人工饲料,促进克氏原螯虾蜕壳,脱掉长有纤毛虫的旧壳。

3.2.9 捕捞

3.2.9.1 成虾捕捞

(1)捕捞时间

第一季捕捞时间从4月中旬开始,到5月中下旬结束。

第二季捕捞时间从8月上旬开始,到9月底结束。

(2) 捕捞工具

捕捞工具主要是地笼。地笼网眼规格应为 2.5～3.0 cm,保证成虾被捕捞,幼虾能通过网眼跑掉。成虾规格宜控制在 30 g/尾以上。

(3) 捕捞方法

虾稻共生模式中,成虾捕捞时间至为关键,为延长小龙虾生长时间,提高小龙虾规格,提升小龙虾品质,一般要求小龙虾达到最佳规格后开始起捕。起捕方法:采用网目 2.5～3.0 cm 的大网口地笼进行捕捞。开始捕捞时,不需排水,直接将虾笼布放于稻田及虾沟之内,隔几天转换一个地方,当捕获量渐少时,可将稻田中水排出,使小龙虾落入虾沟中,再集中于虾沟中放笼,直至捕不到商品小龙虾为止。在收虾笼时,应将捕获到的小龙虾进行挑选,将达到商品规格的小龙虾挑出,将幼虾马上放入稻田,并勿使幼虾挤压,避免弄伤虾体。

3.2.9.2 亲虾种留存

由于小龙虾人工繁殖技术还不完全成熟,目前还存在着买苗难、运输成活率低等问题,为满足稻田养虾的虾种需求,我们建议:在 8—9 月成虾捕捞期间,前期是捕大留小,后期应捕小留大,目的是留足下一年可以繁殖的亲虾。要求亲虾存田量每亩不少于 15～20 kg。

第4章 小龙虾气象研究进展

气象因子是影响其他事物发展变化的重要原因或条件，可能是某一种气象要素及其变化，也可以是多种气象要素的综合及其变化。本章着重探讨气象因子对小龙虾的影响，系统综述气象因子对小龙虾影响的最新研究成果，从气象的角度研究小龙虾的入侵选择、生态保护和养殖要点及服务展望，为更加全面地认识气象环境对小龙虾影响的形成机制，制定更为有效的养殖管理与预防措施，并为气象服务提供参考。

4.1 环境对小龙虾生长的相互影响研究进展

研究表明，到达某一地区的外来入侵物种仅有约10%的可能发展成为偶见种群，而且偶见种群又仅有10%的可能发展成为定居种群。既然外来物种入侵成功的概率很小，为什么小龙虾能够成功入侵(蔡风金 等,2010)？研究认为，长江中下游地区受海陆热力性质差异的影响，气候类型为亚热带季风气候，雨热同期，年均气温14～18 ℃，年降水量1000～1400 mm，集中于春、夏两季；最热月均气温27～28 ℃，无霜期210～270 d，最冷月均气温0～5.5 ℃，绝对最低气温－20～－10 ℃，农作物可越冬。素有“鱼米之乡”之称的长江中下游平原，四季分明、河道纵横、湖泊密布、土壤肥沃且地势平缓，湖泊中挺水植物、漂浮植物、沉水植物众多，为小龙虾的生长发育提供了得天独厚的优势(陈辉 等,2001)。

小龙虾最主要的养殖方式为稻田套养模式，其次为池塘内单独养殖模式，有少量的与河蟹混养模式、与成鱼混养模式、与鱼种混养模式、藕塘套养模式。在湖北省潜江市和江苏盱眙县，多年的实践和研究表明，虾稻共作的稻田套养模式最为实用，属于一种“种养结合”的养殖模式。虾稻共作的主要方式是在稻田中种植中稻并养殖小龙虾。经实践摸索，虾稻共作田的布局主要为(曹凑贵 等，2017)：沿稻田田埂外缘向稻田内开挖回形沟或田形沟，田边筑埂，埂上设防逃网(图4.1)。在水稻种植期间，小龙虾与水稻在稻田中同生共长。研究表明，虾稻共作种养生态农业模式充分利用了小龙虾和水稻生长季节对水分要求以及养分需求的互补原理，虾稻共生互利，生态效益显著；同时在调节温度、盛夏遮挡光照等方面起到良好的生态气象调节作用。

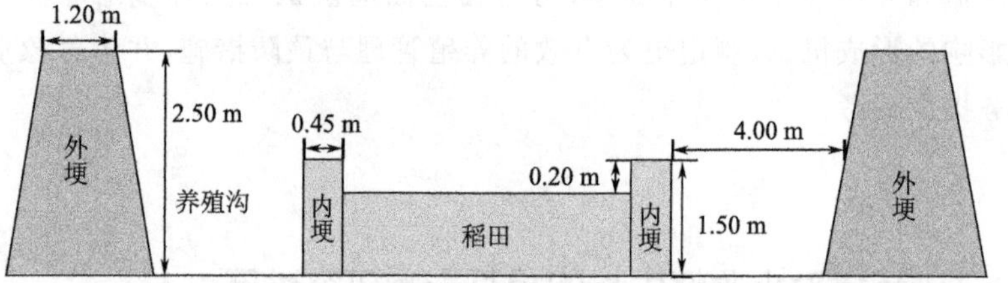

图 4.1　虾稻共作田间工程示意图

4.2　气象要素对小龙虾生长的影响研究进展

已有研究认为，光照与水温是调控甲壳动物生长、蜕皮、生殖的重要因素，通过调节水温与光照来影响小龙虾的生长、繁殖是一种较合适的方法，且温度对小龙虾的影响大于光照。近年来，有部分学者对气温与水温关系做了研究，张德林等(2010)分析了设施鱼塘冬春季水温日变化特点，建立了水温与外界气温关系的统计模式；邓爱娟等(2013)对洪湖地区养殖鱼塘春夏季水温变化做了研究，建立了养殖鱼塘水温预报模型。研究结论说明，水温的变化主要受气温影响，且具有线性关系。

4.2.1 温度对小龙虾的影响

韩光明等(2015)对小龙虾在良种繁育场试验池塘的养殖生长规律的研究认为,小龙虾生存水温为 1～40 ℃ ,这与周鑫等(2009)对小龙虾在天然水域的生物习性研究,以及艾劲松等(2012)在虾稻共作试验田的研究一致。但韩光明等(2015)认为,小龙虾在水温低于 15 ℃时生长较慢,水温为 25～30 ℃时生长较快。周鑫等(2009)认为,小龙虾在水温低于 10 ℃时生长较慢,水温为 16～33 ℃时生长较快。艾劲松等(2012)认为,小龙虾在水温为 25～30 ℃时生长最快,水温低于 13 ℃或高于 33 ℃时生长较慢(图 4.2)。这三项研究结论主要的不同点在于小龙虾生长较慢的温度点不同,可能与虾样本选取地环境不同有关。

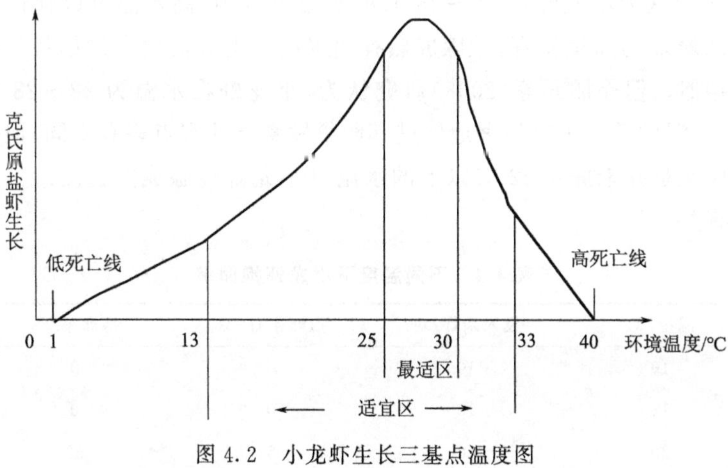

图 4.2 小龙虾生长三基点温度图

4.2.1.1 温度对小龙虾幼虾的影响

温度对小龙虾幼苗的生长有明显的影响。韩晓磊等(2011)关于温度对小龙虾幼体生长发育的影响研究结果表明,在 10～30 ℃内,温度越高,小龙虾幼虾生长越快,但其存活率有先升高后下降的趋势。张龙岗等(2015)关于温度对小龙虾苗种生长和存活的影响研究认为，对于1月龄左右的小龙虾苗种来说，26 ℃是其生长的最佳温度，且存活率最高。李铭等(2006)关于温度对小龙虾幼虾发育和存活的影响研究也表明，25 ℃左右比较适宜小龙虾幼体生长发育，但不适合31 ℃以上的高温。这些学者的研究结论较为一致，说明在适当的范围内，提高水温可以明显促进苗种的生长，25～26 ℃最适合虾幼体发育，但是温度提高到一定程度会导致幼虾死亡率较高。

4.2.1.2 温度对小龙虾性腺发育的影响

水温是影响虾性腺发育的最关键理化因子(李明云，1995)。方春林等(2010)研究认为，水温超过15 ℃时，性成熟的雌虾便开始生殖蜕壳、交配，这与韩晓磊等(2011)认为小龙虾在低于15 ℃情况下不易正常交配抱卵的结论一致(表4.1)，也与Carmona等(2004)认为小龙虾在16～25 ℃的水温范围内，高水温可以促进小龙虾雌虾的卵巢发育，性腺成熟有随水温的上升而增大的趋势的结论相似。但徐加元等(2008)研究认为，小龙虾在水温为22～28 ℃时，水温的升高可以显著地促进其卵巢发育。此观点略有不同，但也与该文献并未提及22 ℃以下的水温对小龙虾性腺成熟程度影响如何有关。

表4.1 不同温度下小龙虾抱卵率

温度/℃	投入亲虾/对	抱卵亲虾/只	抱卵率/%
10	10	0	0
15	10	0	0
20	10	5	50
25	10	6	60
30	10	1	10
合计	50	12	24

4.2.1.3 温度对小龙虾产卵孵化的影响

温度对小龙虾幼体孵化有明显影响。受精卵的孵化时间相差很大，韩晓磊等(2011)认为，水温为 20～30 ℃时，温度越高，孵化时间越短(表 4.2)。如果水温太低，受精卵的孵化可能需数月之久。吕佳等(2004)认为，在水温低于 30.3 ℃时，小龙虾受精卵孵化速度随温度直线上升，当水温大于 35 ℃，或者小于 7 ℃时，小龙虾受精卵不易孵化，即使孵化，幼体也不易成活。方春林等(2010)认为，如果水温太低，受精卵不孵化，成为抱卵虾，在第二年春末孵化。这些研究结论较为一致。

表 4.2 不同水温对小龙虾幼体孵化的影响

水温/℃	孵化时间/d	孵化量/只
20	30	140
25	22	238
30	15	879

4.2.2 光照对小龙虾的影响

小龙虾用螯肢挖洞，挖掘洞穴能力较强，不喜强光。喜在水底栖息，多隐藏在洞穴中、水草下、砖石缝隙里。

不同光照周期对小龙虾成活率的影响不大，但对虾类的性腺发育产生重要影响。罗文等(2004)的研究显示，延长光照周期可促进虾的生殖性能发育，这一结果与吴志新等(2000)的研究结论一致。而徐加元等(2008)、舒新亚等(2006)和 Pierre(1992)的研究发现，过度延长光照时间并不能促进小龙虾的卵巢成熟和提前抱卵。说明通过控制光照调节虾性腺需适度，适当延长光照周期可促进雌虾卵巢的发育。最有利于小龙虾雌虾性腺发育的光照周期为 16L∶8D(L 是 Light，D 是 Dark，即光照时间 16 h∶黑暗时间 8 h)，过分延长光照时间(如每天 20 h)，小龙虾繁殖性会下降，光照时间太长会降低小龙虾雌虾的性腺成熟系数，不利于小龙虾的性腺发育(表 4.3)。

表 4.3　温度、光周期对小龙虾雌虾及性腺发育的影响

温度/℃	光周期	雌虾成活率/%	性腺成熟系数/%
28	12L∶12D	60	3.26
28	16L∶8D	70	5.14
28	20L∶4D	60	2.48

4.3　气象灾害对小龙虾养殖的影响研究进展

气象灾害，一般包括天气、气候灾害和气象次生、衍生灾害。天气、气候灾害，是指因台风、暴雨（雪）、雷暴、冰雹、大风、沙尘、龙卷、大（浓）雾、高温、低温、连阴雨、冻雨、霜冻、结（积）冰、寒潮、干旱、干热风、热浪、洪涝、积涝等因素直接造成的灾害。气象次生、衍生灾害，是指因气象因素引起的山体滑坡、泥石流、风暴潮、森林火灾、酸雨、空气污染等灾害。各种研究表明，与小龙虾养殖有关的气象灾害主要有暴雨洪涝、高温热害、低温冷害（表 4.4）。

表 4.4　与小龙虾全生命周期有关的气象灾害

时段	12 月至翌年 2 月	3 月	4 月至 5 月中旬	5 月下旬至 7 月	8 月	8 月底至 9 月	10 月至 11 月
生长期	越冬期	开春出洞期、早春虾苗投放期	越冬成虾捕捞期、幼虾投苗期	幼虾培育期、捕大留小期	捕捞成虾	捕捞成虾、投放亲虾	抱卵虾、幼虾培育
气象灾害	低温冷害	低温冷害	暴雨洪涝	暴雨洪涝、高温	暴雨洪涝、高温	暴雨洪涝	低温冷害

4.3.1　暴雨洪涝

小龙虾有很强的趋水流性，在养殖池中常成群聚集在进水口周围。喜欢逆水上溯，雨天或者水中环境不适时，小龙虾可逆水流上岸

边栖息,甚至逃逸。暴雨天气时,江河水位猛涨,外洪内涝,出现漫堤、决堤、串塘时,小龙虾易逃入沟渠或湖泊。同时因上下水层的急剧对流,水体环境因子发生突变,池塘水质变坏,池硫化氢、氨态氮、pH、亚硝酸盐等升高,原有的生态平衡被破坏,对小龙虾生长造成不良影响,容易引发疾病。暴雨洪涝引起的小龙虾损失常见报端,据报道,2016 年 7 月,梅雨期暴雨导致湖北省数万吨小龙虾逃逸,水产业损失超 63 亿元。

4.3.2 高温热害

已有研究一致认为,持续高温时,各种病毒、细菌等病原微生物迅速繁殖,小龙虾烂尾病、烂壳病、纤毛虫病等随时暴发,甚至造成泛塘,大量死亡。高温使水中溶解氧不足,虾体抗病能力下降。且连续高温后,水面蒸发加快,水位降低,水体温差变大,小龙虾易发生应激反应而死亡,需调节水位,及时补水。几乎每年 7 月底、8 月初,都可以见到因高温造成小龙虾批量死亡、虾源紧张的报道。

4.3.3 低温冷害

已有研究一致认为,低温冷害时,水温过低,也会影响小龙虾生长、繁殖。特别是水温低于 0 ℃时,水面结冰,会造成虾缺氧死亡。1 月是小龙虾遭遇低温冷害的最大风险期。2018 年 1 月初,受少有的持续性低温冰冻天气影响,荆州市虾稻田受灾面积 8270 亩,虾损失 63 t。湖南、湖北、安徽、浙江、江苏等地,上一年 11 月至 12 月投放的小龙虾苗死亡过半,开市后至 4 月小龙虾的上市量比以往同期下降三成左右。

第5章　潜江市气候资源概况

气候是人类生存的自然环境的重要组成部分，它的任何变化都会对自然生态系统及工农业生产、人类生活与社会经济的发展产生较大的和深远的影响。20 世纪 80 年代以来，气候的变化已引起了国际社会的广泛关注，许多国家纷纷研讨气候变化的原因、影响和对策，同时加强对气候变化的监测、诊断和预测工作。

据有关专家分析，近百年来全球平均气温有显著上升的趋势。总体来讲，中国气候在 1951—1990 年升高了 0.3 ℃左右（丁一汇 等，1994）。20 世纪 80 年代以来，大气环流、天气气候以及影响气候系统的热力强迫因子等都表现出较明显的 10 年尺度的年代际变化特征，在降水的气候方面也不例外（陈兴芳 等，2002）。而关于中国气候年代际变化的讨论，多是围绕月或者季节平均要素展开的。那么，在年代际气候变化的大背景下，包括暴雨频率、暴雨强度在内的我国各地区暴雨特性的变化特征如何，是否表现出显著的年代际尺度变化，是一个普遍关注的问题。1950—2000 年内我国北方汛期降水为由多到少的变化趋势，南方（尤其是长江流域）20 世纪 80—90 年代为增多时期，年、季降水的分布趋势都存在一定的年代际变化趋势，但显著程度各年代有较大差别（王志伟 等，2005）。

降水量、气温、风向、风力是我们常规观测的四要素，更是目前预报与服务的重要内容。因而，对潜江市降水量、气温、风进行天气气候特征分析，对提高气象预报与防灾减灾服务能力有很明显的积极意义。

本章利用潜江市 1959 年 1 月 1 日至 2022 年 12 月 31 日地面气象观测资料，包括降水量、气温、风向、风力小时数据、日数据，资料经过严格检验,可用性100%。降水量≥0.1 mm为雨日。降水量、气温、风向、风力资料日数据均以气象日界20时为标准统计。

季节划分:公历3月、4月、5月为春季,6月、7月、8月为夏季,9月、10月、11月为秋季,12月、1月、2月为冬季。

5.1 潜江市降水气候特征分析

降水是重要的气候要素之一,长期不降水或强降水容易造成严重的旱、涝灾害。潜江地处江汉平原腹地,具有水乡园林特色,是古云梦泽一角,湖泊星罗棋布,河网纵横交织,强降水易产生短期内涝,但长时间内涝产生情况较少。潜江市降水的季节分布有很大的差异性,冬、春季强冷空气带来的大雪、暴雪、连阴雨对农业、交通危害较大;夏、秋季暴雨、大暴雨、强对流天气伴随的雷雨、冰雹对农业破坏极大;梅雨期间长时间降水,形成一段梅雨期,对农业、人民生活带来很大不利影响;梅雨期后的一段时间内伏旱期对农业破坏极大。

5.1.1 1959—2022年各月雨日数

平均年降水量为1163.9 mm。月雨日数最多为21 d(雨日:降水量≥0.1 mm),出现在1973年6月;月雨日数最少为0 d(整月无降水),出现在1979年10月、1987年12月和1999年12月。月雨日数每月平均日数统计中(图5.1),3月、4月、5月平均月雨日数最多,分别为(12.89 d、12.97 d、13.03 d),12月平均月雨日数最少,只有7.32 d。

5.1.2 1959—2022年各月各级雨日数

全年平均雨日数123.4 d(表5.1),占全年总日数约1/3。降水主体以小雨量级为主(图5.2),中雨量级较多,大雨量级居中,暴雨量级少，大暴雨量级更少，特大暴雨量级 64 年来仅出现一个个例（出现在 2004 年 7 月 18 日）。

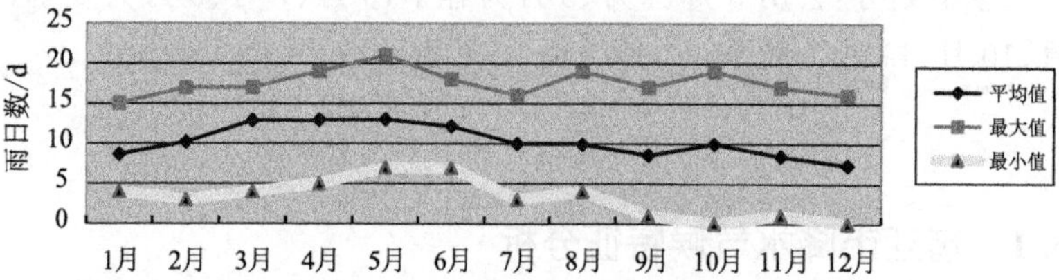

图 5.1　1959—2022 年潜江站各月雨日数

表 5.1　1959—2022 年潜江站各月各级雨日数　　单位：d

	1月	2月	3月	4月	5月	6月	7月	8月	9月	10月	11月	12月	年
小雨	7.4	8.3	10.0	8.8	8.9	7.2	5.8	6.1	6.0	7.4	7.5	6.8	90.2
中雨	0.9	1.3	2.3	2.6	2.3	2.3	1.5	1.4	1.5	1.8	1.5	0.7	20.2
大雨	0.1	0.4	0.5	1.1	1.4	1.5	1.3	1.1	0.8	0.7	0.4	0.0	9.3
暴雨	0.0	0.0	0.0	0.3	0.5	0.7	0.9	0.5	0.2	0.1	0.0	0.0	3.1
大暴雨	0.0	0.0	0.0	0.0	0.1	0.2	0.2	0.1	0.0	0.0	0.0	0.0	0.6
特大暴雨	0.0	0.0	0.0	0.0	0.0	0.0	0.0	0.0	0.0	0.0	0.0	0.0	0.0
雨日数	8.4	10.0	12.8	12.8	13.2	11.9	9.7	9.1	8.5	10.1	9.5	7.5	123.4

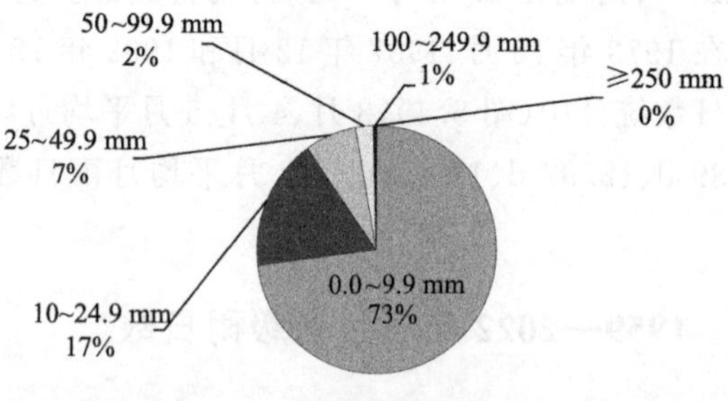

图 5.2　1959—2022 年潜江站各量级降水总日数分布

每月均可能出现大雨，但 12 月出现大雨的可能性极小，64 年来仅出现过 3 次，出现在 1962 年 12 月 12 日、2002 年 12 月 17 日、2018 年 12 月 3 日，1 月出现大雨也不多，64 年来只出现了 7 次(图 5.3)。12 月至翌年 2 月未出现过暴雨，4 月、5 月、6 月、7 月、8 月、9 月、10 月、11 月均有可能出现暴雨。3 月出现过 2 次暴雨，出现在 1971 年 3 月 29 日和 2022 年 3 月 21 日；11 月出现过 1 次暴雨，出现在 2015 年 11 月 7 日。4 月、5 月、6 月、7 月、8 月、9 月有可能出现大暴雨，64 年中，6 月出现最多(13 次)，7 月次之(10 次)，5 月 6 次，8 月 5 次，9 月 2 次，4 月 1 次。

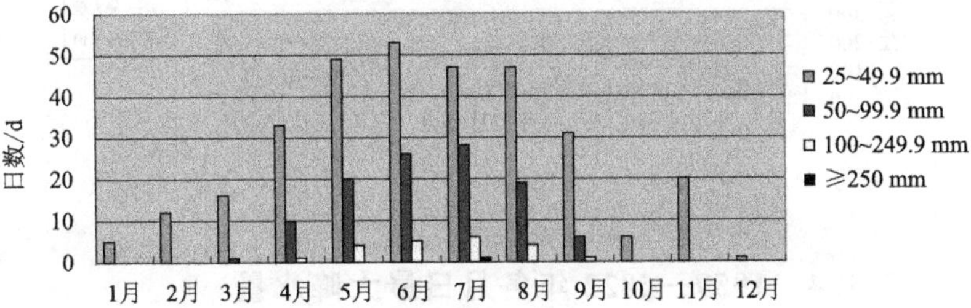

图 5.3 1959—2022 年潜江站各月降水量 25 mm 以上总日数

5.1.3 1959—2022 年各月降水量

平均年降水量为 1163.9 mm。最大月降水量和最小月降水量相差很大，如 10 月最大降水量为 333.1 mm，最小降水量为 0.0 mm(整月无降水)。平均降水量 6 月最大(171.0 mm)，7 月居第二(162.5 mm)，12 月最小(28.6 mm)。月降水量最大为 622.7 mm，出现在 2004 年 7 月，其次是 8 月为 605.3 mm。月降水量最小为 0.0 mm，出现在 10 月和 12 月(图 5.4)。

最大降水量中每月取其最小值(图 5.5)，最小是 10 月、12 月(0.0 mm)，最大为 6 月(44.7 mm)。一般来说 7 月、8 月虽降水较多，但也有干旱至几乎无雨的时候，如 1978 年 7 月降水量仅为 3.5 mm，2003 年 8 月降水量仅为 5.9 mm。

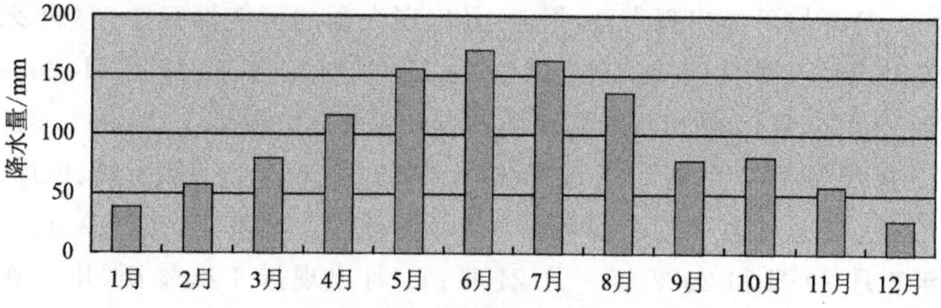

图 5.4　1959—2022 年潜江站各月平均降水量

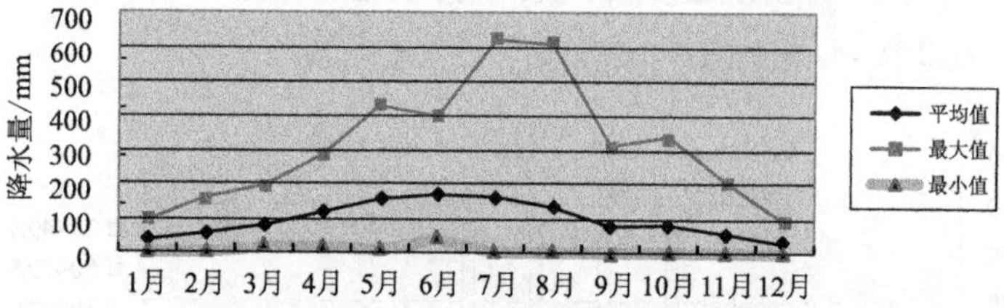

图 5.5　1959—2022 年潜江站各月降水量平均值、最大值、最小值

5.1.4　1959—2022 年各月日最大降水量

日最大降水量最大值出现在 2004 年 7 月 18 日，为 268.1 mm（图 5.6）。最小值为 0.1 mm，出现在 10 月、11 月、12 月。

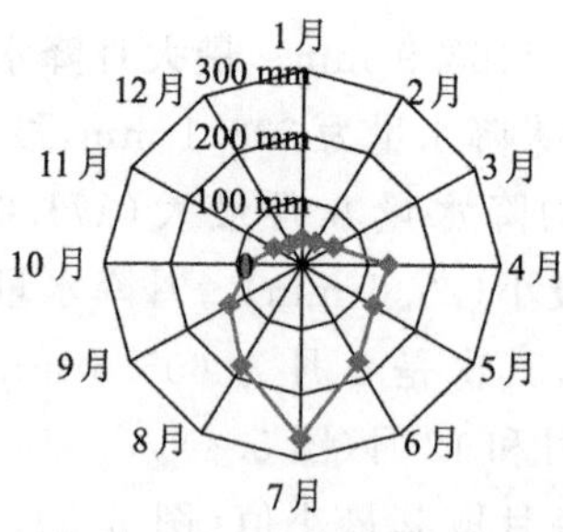

图 5.6　1959—2022 年潜江站各月日最大降水量

5.1.5 1959—2022年各月最长连续降水日数

最长连续降水日数每月最大值为10 d左右(表5.2),最长为14 d(2001年12月、1992年3月)。

表5.2 1959—2022年潜江站每月最长、最短降水日数 单位:d

	1月	2月	3月	4月	5月	6月	7月	8月	9月	10月	11月	12月
最大值	10	10	14	9	10	11	11	9	10	11	7	14
最小值	2	1	3	2	2	2	1	1	1	0	1	0

5.1.6 1959—2022年各月最长连续无降水日数

各月最长连续无降水日数较长的出现在秋、冬季(图5.7),10月为37 d,11月为52 d,12月为34 d,1月为36 d,连续一个多月无雨,会带来严重干旱。最小值出现在6月(13 d),夏季由于高温影响,蒸发较多,连续多日无降水必然带来严重干旱。

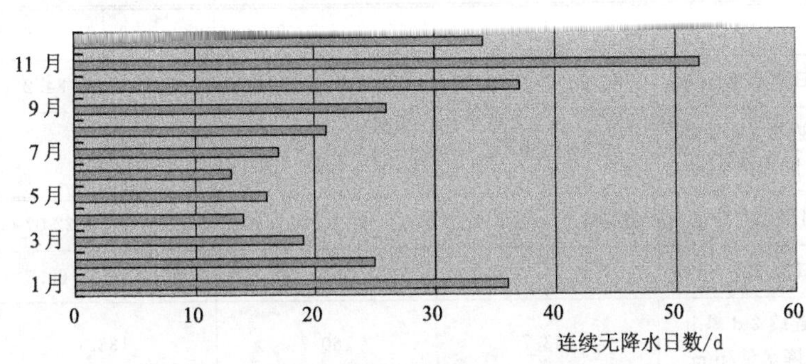

图5.7 1959—2022年潜江站各月最长降水日数

5.1.7 1959—2022年暴雨出现日数

1959—2022年共出现237次暴雨(表5.3),其中特大暴雨1次,大暴雨37次。日最大降水量最大值出现在2004年7月18日,为

268.1 mm。出现连续 2 d 为暴雨的次数 15 次(表 5.3),出现连续 3 d 为暴雨的次数 3 次(表 5.4)。

表 5.3　1959—2022 年潜江站连续 2 d 暴雨过程

日期(年-月-日)	1970-06-06	1970-06-07	1980-07-19	1980-07-20	1980-08-11	1980-08-12
日降水量/mm	150.8	56.4	81.7	58.4	96.2	89.3
连续 2 d 暴雨降水量/mm	207.2		140.1		185.5	
日期(年-月-日)	1989-08-07	1989-08-08	1991-04-16	1991-04-17	1991-07-01	1991-07-02
日降水量/mm	64.1	62.4	58.5	74.4	109.2	63.4
连续 2 d 暴雨降水量/mm	126.5		132.9		172.6	
日期(年-月-日)	1991-07-09	1991-07-10	1997-07-13	1997-07-14	1998-05-08	1998-05-09
日降水量/mm	132.1	50.5	62.5	77.6	127	96.5
连续 2 d 暴雨降水量/mm	182.6		140.1		223.5	
日期(年-月-日)	1999-06-26	1999-06-27	2008-08-15	2008-08-16	2009-05-27	2009-05-28
日降水量/mm	56.5	104.7	58.8	89.3	63.9	84.2
连续 2 d 暴雨降水量/mm	161.2		148.1		148.1	
日期(年-月-日)	2010-06-07	2010-06-08	2013-09-24	2013-09-25	2022-07-04	2022-07-05
日降水量/mm	53.0	90.7	102.1	58.6	75.7	63.0
连续 2 d 暴雨降水量/mm	143.7		160.7		138.7	

表 5.4　1959—2022 年潜江站连续 3 d 暴雨过程

日期(年-月-日)	2003-07-08	2003-07-09	2003-07-10
日降水量/mm	133.7	53.9	77.2
连续 3 d 暴雨降水量/mm		264.8	

续表

日期(年-月-日)	2004-07-17	2004-07-18	2004-07-19
日降水量/mm	63.7	268.1	54.5
连续 3 d 暴雨降水量/mm	386.3		
日期(年-月-日)	2020-07-05	2020-07-06	2020-07-07
日降水量/mm	88.3	112.0	61.5
连续 3 d 暴雨降水量/mm	261.8		

5.2 潜江市气温气候特征分析

气温是重要的气候要素之一,潜江市属亚热带季风气候区。气候宜人,四季分明。光能充足、热量丰富、无霜期长,水热同步与农业生产季节一致的气候条件,适宜多种农作物生长发育。

5.2.1 年气温变化趋势

5.2.1.1 年平均气温变化趋势

1959—2022 年潜江站年平均气温 16.7 ℃(图 5.8),气温总体呈波动上升趋势。20 世纪 70 年代前期气温变化较平缓,70 年代中后期有一明显上升,80 年代初至 80 年代中期急剧下降,到 1984 年下降至最低点,80 年代中期开始又稳步上升,1998 年上升至最高点,此后仍维持上升趋势。

5.2.1.2 年平均最高气温分析

1959—2022 年潜江站年平均最高气温 22.9 ℃(图 5.9)。年极端最高气温 39.2 ℃,出现在 2003 年 8 月 2 日。

5.2.1.3 年平均最低气温分析

1959—2022 年潜江站年平均最低气温 11.8 ℃(图 5.10)。年极端最低气温−16.5 ℃,出现在 1977 年 1 月 30 日。

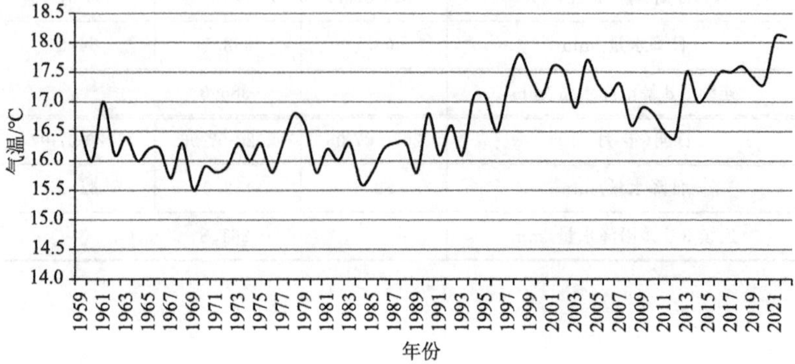

图 5.8　1959—2022 年潜江站年平均气温变化曲线

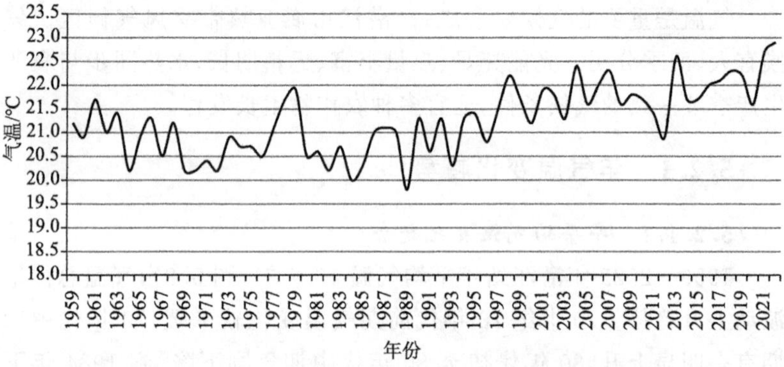

图 5.9　1959—2022 年潜江站年平均最高气温变化曲线

5.2.2　月气温分析

潜江市 1 月日平均气温为 3.9 ℃(表 5.5)。日平均最高气温 8.2 ℃,日极端最高气温 24.2 ℃,出现在 2014 年 1 月 31 日。日平均最低气温 0.7 ℃,日极端最低气温－16.5 ℃,出现在 1977 年 1 月 30 日。

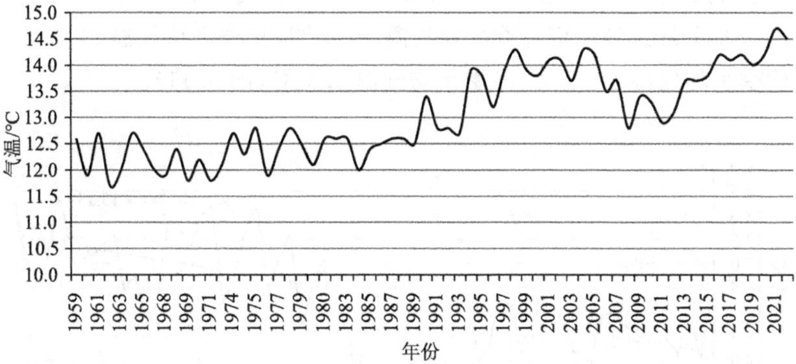

图 5.10　1959—2022 年潜江站年平均最低气温变化曲线

表 5.5　1959—2022 年潜江站每月平均气温、最高气温、最低气温

月份	平均气温/℃	平均最高气温/℃	平均最低气温/℃	极端最高气温/℃	极端最高气温日期(年-月-日)	极端最低气温/℃	极端最低气温日期(年-月-日)
1 月	3.9	8.2	0.7	24.2	2014-01-31	−16.5	1977-01-30
2 月	6.1	10.3	2.8	26.6	2009-02-12	−10.0	2008-[illegible]
3 月	10.5	15.1	6.8	30.8	2007-03-30	−2.3	2006-03-01
4 月	16.8	21.6	12.8	33.8	2004-04-20	0.2	1972-04-02
5 月	21.8	26.6	17.9	36.4	2011-05-19	8.8	1981-05-04
6 月	25.6	29.8	22.1	37.2	1981-06-20	12.1	1987-06-08
7 月	28.2	32.2	25.0	38.6	2009-07-18	18.5	1976-07-03
8 月	27.6	31.9	24.2	39.2	2003-08-02	16.0	2009-08-31
9 月	23.1	27.9	19.6	36.6	1999-09-11	9.7	1972-09-25
10 月	17.7	22.9	14.0	34.1	2009-10-04	0.5	1978-10-29
11 月	11.6	16.7	7.9	29.5	1979-11-02	−4.3	1971-11-30
12 月	6.0	10.7	2.5	22.0	1987-12-28	9.5	1991-12-19

5.2.3　四季气温分析

公历 3 月、4 月、5 月为春季，6 月、7 月、8 月为夏季，9 月、10 月、

11 月为秋季，12 月、翌年 1 月和 2 月为冬季。此方法将一年四等分，每季 3 个月。潜江市春季平均气温 16.4 ℃，夏季平均气温 27.3 ℃，秋季平均气温 17.5 ℃，冬季平均气温 5.3 ℃(图 5.11)。

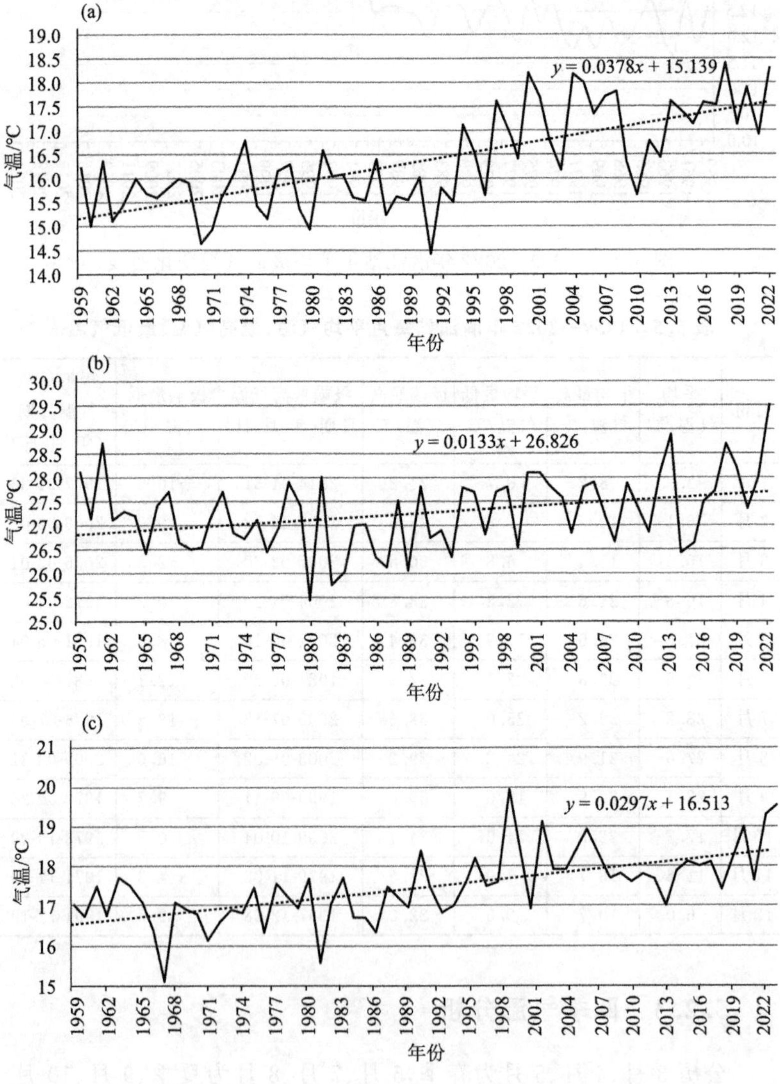

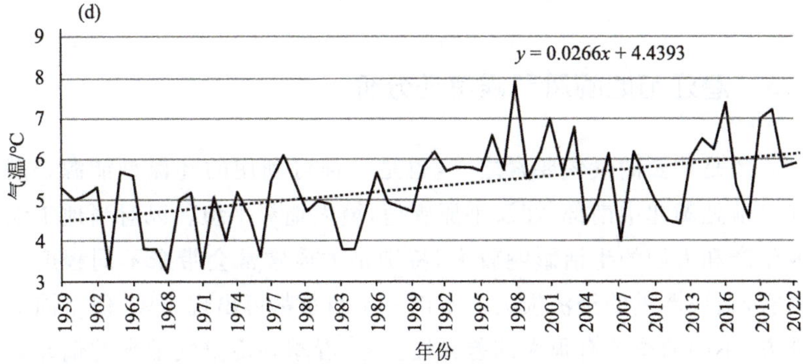

图 5.11　1959—2022 年潜江站四季平均气温变化曲线

(a)春季;(b)夏季;(c)秋季;(d)冬季

四季平均气温均呈上升趋势,但变化存在较大的差异。春、夏、秋、冬季气温增温速率分别约为 0.38 ℃/10a、0.13 ℃/10a、0.30 ℃/10a、0.27 ℃/10a,春季增温速率较大,秋季、冬季次之,夏季气温呈微增趋势。

对四季气温变化曲线做周期为 5 a 的滑动平均发现:春季平均气温在 20 世纪 60—80 年代中期变化趋势比较平缓;1985 年开始至 90 年代初期有一明显下降,在 1991 年下降至最低点;1992 年后急剧上升。夏季平均气温从 20 世纪 60—70 年代末期缓慢下降,1980 年下降到最低点,80 年代中期以后开始缓慢回升,但回升幅度与前期下降幅度基本持平,故整体呈微增趋势。秋季平均气温从 20 世纪 60 年代初至 60 年代末有个急剧下降的过程,70 年代初开始一直呈缓慢上升趋势,90 年代中期以后上升明显,1998 年达到极值。冬季平均气温变化趋势和年平均气温变化趋势基本一致。由上述分析可知,潜江市从 1960 年以来,气温呈上升趋势,20 世纪 90 年代升温最剧烈;春季、秋季和冬季气温均呈明显上升趋势,而夏季气温仅呈微增趋势。

5.3 潜江市地面风气候特征分析

风是重要的气候要素之一，也是一种可利用的环保型能源。潜江市地处湖北中南部、江汉平原腹地，境内地势平坦。风对当地工农业生产和人们的生活影响较大，特别是大风常常会带来不同程度的灾害，造成严重的经济损失。本市一年四季都可出现大风，但不同的地方、不同的季节有很大的差异性。冬、春季强冷空气带来的偏北大风，对农业和瓜果业危害较大；春、夏季强对流天气伴随的短时雷雨大风，对房屋和电力设施破坏极大；秋季"寒露风"的迟早也与秋播有关；就是一般性风的时空分布特征也是市政建设和城镇规划及新建工业科技园的重要参考依据。

5.3.1 平均风速

1959—2022 年潜江站年平均风速为 2.0 m/s(图 5.12)。平均风速的年际变化比较明显，1959—2022 年的 64 年中，整个样本资料分析表明，平均风速经历 20 世纪 70 年代的高值期、80—90 年代的低值相对平稳期和 2000 年以后的回升期，此后到 2007 年又跌落到了历史的最低值 1.4 m/s，2015 年又创新低 1.1 m/s。

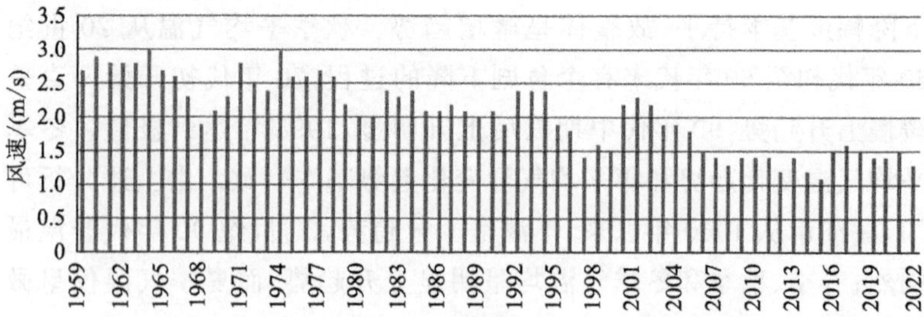

图 5.12 1959—2022 年潜江站年平均风速变化曲线

在一年中，平均风速也有一定的季节性变化特征，春季和夏季的平均风速较大，秋季和冬季的平均风速相对较小。全市春季和夏季平均风速均为 2.2 m/s(表 5.6)、冬季平均风速为 1.9 m/s、秋季平均风速为 1.8 m/s。平均风速的月变化也比较明显，一年 12 个月中，7 月的平均风速 2.4 m/s 为最大，春季 3 月和 4 月次之，秋季的 11 月平均风速 1.7 m/s 为最小。

表 5.6 1959—2022 年潜江市平均风速表

月份	1月	2月	3月	4月	5月	6月	7月	8月	9月	10月	11月	12月	平均
风速/(m/s)	1.9	2.1	2.2	2.2	2.0	2.1	2.4	2.1	1.9	1.7	1.7	1.8	2.0

5.3.2 6 级以上大风

潜江站 10 min 平均风速达 6 级以上的大风时空分布不均，在 1959—2022 年的 64 年中，全市共发生 82 次，平均每年发生约 2 次。

5.3.3 最大风速

把日最大 10 min 平均风速分为不同的级别，了解不同风级不同时间发生可能性的大小，对未来风的预报有一定的指导作用。选取 1959—2022 年 64 年每天的最大 10 min 平均风速作为研究对象，经过统计得到：全市≥6 级风年平均发生频率为 0.44%(表 5.7)，一年中 4 月发生概率最大，3 月次之，8 月和 11 月最小；4～5 级风为 23.27%，一年中 4 月发生概率最大，7 月次之，11 月最小；≤3 级风为 76.19%，一年中 11 月发生概率最大，12 月次之，4 月最小。

表 5.7 1959—2002 年潜江市各风级发生频率(%)

风级	1月	2月	3月	4月	5月	6月	7月	8月	9月	10月	11月	12月	平均
≥6 级	0.21	0.24	1.07	1.33	0.32	0.11	0.51	0.00	1.00	0.32	0.00	0.11	0.44
4～5 级	19.25	24.47	26.77	31.78	23.87	22.11	30.64	24.73	21.00	19.14	16.55	18.93	23.27
≤3 级	79.46	75.29	72.15	67.89	74.73	77.78	68.71	75.27	78.00	80.54	83.45	80.97	76.19

根据历史上产生风的天气背景条件分析，潜江市出现 4 级以上风

的天气形势主要有以下几种情况:一是有冷空气影响潜江市,不同路径不同强度的冷空气会产生不同大小的风;二是西部暖低压发展产生的偏东风或偏南风;三是夏季出梅后的"南洋风";此外还有雷雨风。

5.3.4 各风向发生频率

5.3.4.1 风向累年平均图

在1959—2022年64年风向资料中,潜江市盛行风向为偏北风,其次是偏南风(图5.13)。其中除静风频率18%外,NNE(北东北风)发生频率最大为15%,N(北风)发生频率次之为13%,NE(东北风)和S(南风)频率等于9%为第三,频率较小的是偏东风和偏西风。

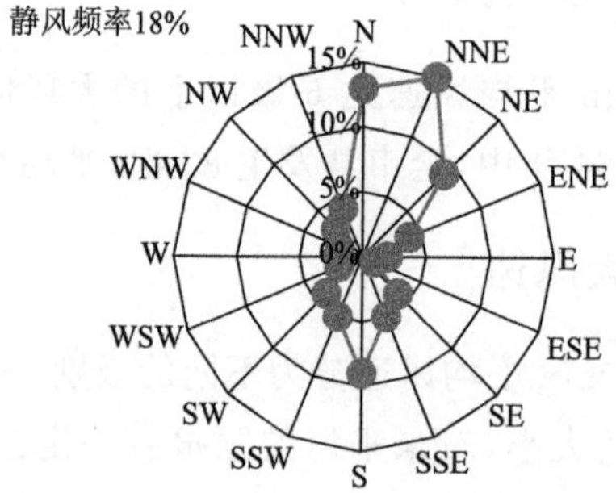

图5.13 1959—2022年潜江站风向玫瑰图

一年中北风和南风发生频率呈反位相分布(图5.14),7月北风出现最少与南风出现最多对应,这种风向的特征也是潜江市地处季风气候区的反映。

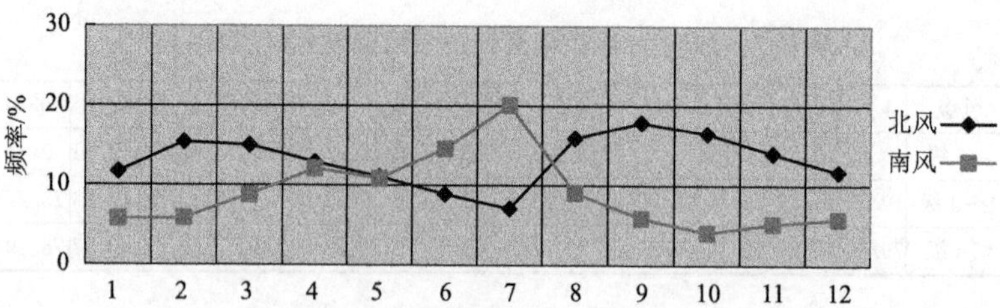

图5.14 1959—2022年潜江站北风和南风的月变化

5.3.4.2 风向四季特征

选取 1 月、4 月、7 月和 10 月分别作为冬季、春季、夏季和秋季的代表月，分别做出它们对应的风玫瑰图（图 5.15），可清楚看到风的季节变化特征。从图 5.15a 中可知，潜江市冬季多受冷空气或冷气团影响，盛行偏北风，其频率均在 11%以上，且北东北风的频率达到 19%，其他方位的频率一般在 5%以下；春季暖空气势力加强，而冷空气还有一定势力，反映在风向上偏北风有所减少，偏南风明显增多，南北风的频率均接近 12%，玫瑰图（图 5.15b）上是南北相似分布的两瓣；夏季多受副热带高压控制，暖气团占主导地位，此时盛行偏南风，南风的频率高达 20%，而北风只有 7%，在图 5.15c 上表现为南部一瓣；秋季是向冬季的过渡季节，其风向分布比较接近冬季，在图 5.15d 上是北部偏东的一瓣，其偏北风频率又升至 17%左右，而偏南风频率迅速下降到 4%以下，另外，与冬季相似的是静风明显增多，其频率上升到 22%。

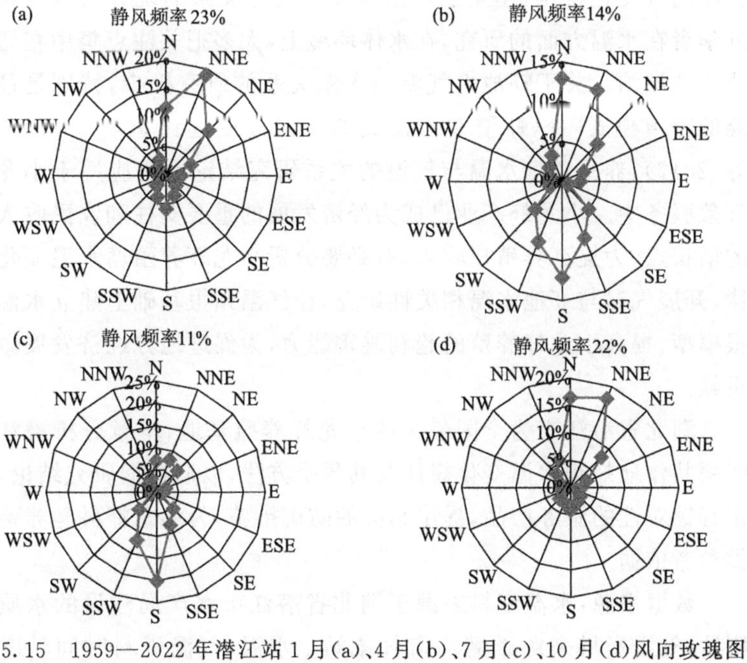

图 5.15 1959—2022 年潜江站 1 月(a)、4 月(b)、7 月(c)、10 月(d)风向玫瑰图

第6章　虾稻田水温预报方法

小龙虾属于冷血动物，体温随环境温度的变化而改变(Powell et al.,2006)，水温是其养殖最大的气象影响要素(倪玉红 等,2015)。近年来，国内外许多学者研究认为，影响水温变化的主要因素为气温，Mohseni 等(1999)使用线形函数研究了水温的变化规律及其与气温的关系。Caissie 等(2001)以 logistic 函数为基础创建了日最大水温与气温的模型。邓爱娟等(2013)用逐步回归法建立了养殖鱼塘春夏季水温预报模型。张德林等(2010)分析了冬、春季水温在设施鱼塘的日变化特点，建立了水温与外界气温关系的统计模式。国内外学者在水温方面的研究，在水体环境上，大多把关注点集中在海域或内陆湖泊。关于虾池内气温与水温关系的研究极少，特别是最主要的养殖模式——虾稻共作模式的水深深度远比鱼塘浅(曹凑贵等,2017)，养殖鱼塘水温与气温的关系研究结论不能应用于小龙虾气象服务中。小龙虾产业已成为经济发展的重要支柱和农民收入新的增长点，为提高养殖户收入，有必要分析小龙虾养殖塘水温变化规律，开展气温与虾池水温相关性研究，在气温预报基础上建立水温预报模型，提高小龙虾养殖的趋利避害能力，为促进地方经济发展做出贡献。

湖北省潜江市为全国最大的小龙虾养殖基地，本章分析潜江市虾稻共作地虾沟水温变化规律及其预报方法，以期根据研究结论，制作有针对性的服务产品，提出相应的防御措施，为小龙虾科学养殖提供参考依据。

数据来源：水温资料来源于湖北省潜江市水产局建设的水质监测站，气温资料来源于潜江市气象站。水温、气温资料时间长度为

2018年1月1日至12月31日。

数据质控：气温数据资料完整，数据集原始数据文件已经过严格的质量控制和筛查，数据可用率100%。水温资料无异常值，但有少许数据因断电、仪器维修维护、校准等原因造成缺测，数据有效率为97.5%。采用拉格朗日插值法插补，经检验，数据可用率100%。

统计分析：采用交叉相关分析法分析水温与日平均气温、最高气温和最低气温之间的相关关系，应用SPSS 19软件，采用双侧0.1水平显著性检验，用双变量Pearson相关系数进行交叉分析，筛选出与水温预报关系密切的气温要素，用logistic函数多项回归法分季节建立水温与气温要素之间的关系模型。由于在冬季小龙虾钻入洞中停止生长，水温预报意义不大，因而只建立春、夏、秋三季水温与气温要素之间的关系模型。

模型误差分析：用建立的水温预报模型模拟值与实测水温之间的标准差、平均绝对误差和平均相对误差来评价模型预报效果。

季节划分：以3—5月为春季，6—8月为夏季，9—11月为秋季，12月至翌年2月为冬季。

6.1 水温与气温变化规律

6.1.1 水温与气温年变化规律

由水温、气温变化曲线图6.1可以看出，水温、气温年度变化均呈波形，其走向基本一致，虾沟水温主要是随气温的变化而变化。但水温年变化幅度比气温略低，可能与水的比热比空气的比热大有关。年水温最高为36.8 ℃，35 ℃以上高温日数13 d；低温期出现在1月下旬，最低水温为0.5 ℃。年气温最高为37.7 ℃，35 ℃以上高温日数24 d；低温期出现在1月下旬，最低气温为−6.6 ℃，0 ℃以下低温日数21 d。

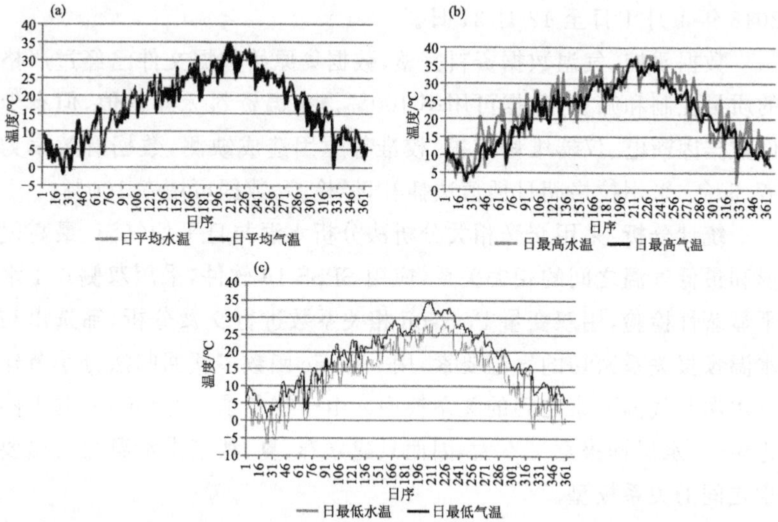

图 6.1　2018 年潜江市每日平均(a)、最高(b)、最低(c)水温和气温逐日变化曲线

6.1.2　水温与气温月变化规律

水温在 7 月、8 月形成波峰，在 12 月、翌年 1 月形成波谷。水温在 2—8 月持续增温，9 月至翌年 1 月持续降温。最高月平均水温出现在 8 月(31.1 ℃)，最低在 1 月(5.5 ℃)。一年中，除了 2 月和 3 月气温高于水温外，其余月份都是水温高于气温(图 6.2)。

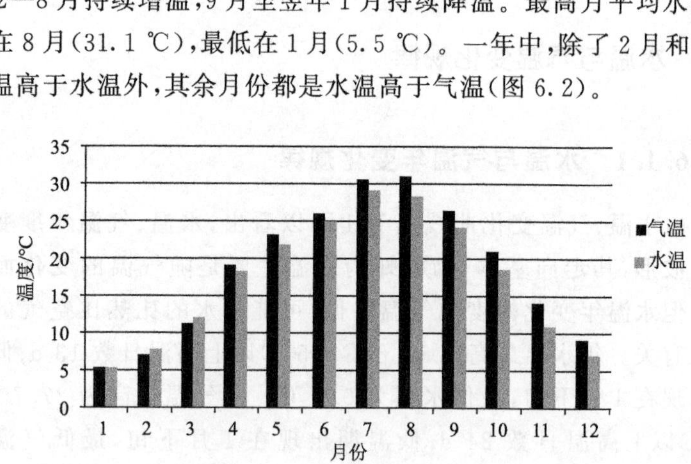

图 6.2　潜江市月平均水温和气温

一年中，季平均水温在夏季最高(29.3 ℃)，秋季次之(20.6 ℃)，春季第三(17.7 ℃)，冬季最低(7.3 ℃)。季平均气温在夏季最高(27.2 ℃)，秋季次之(18.5 ℃)，春季第三(16.8 ℃)，冬季最低(6.8 ℃)。一年中，任何季节季平均水温均比季平均气温高(表 6.1)。

表 6.1 潜江市四季水温与气温 单位：℃

	春季	夏季	秋季	冬季	全年
水温	17.7	29.3	20.6	7.3	19.5
气温	16.8	27.2	18.5	6.8	17.7

6.1.3 水温与气温日变化规律

由于水的比热较空气大，因而水温升温、降温速度低于空气升温、降温速度，水温小时最高、最低值出现时间均滞后于气温。水温最高值出现在 15—16 时(气温 14—15 时)，水温最低值出现在 07—08 时(气温 05—06 时)(图 6.3)。

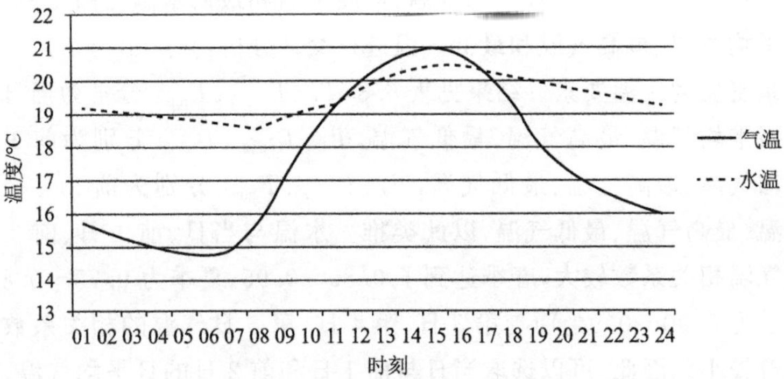

图 6.3 潜江市日平均水温和气温

水温日变化幅度较小，日较差远小于气温。水温年平均日较差为 2.1 ℃，气温年平均日较差为 7.9 ℃。四季中，春季水温日较差最大(表 6.2)。

表 6.2　潜江市水温与气温日较差比较　　单位：℃

	春季	夏季	秋季	冬季	全年
水温日较差	3.2	2.0	1.5	1.8	2.1
气温日较差	8.5	7.6	7.2	8.1	7.9

6.2　水温预报模型与验证

6.2.1　水温预报模型

虾稻共作地虾沟水温与气温有很好的一致性，年、季、月、日变化规律也比较一致，但有一定的差异，水温变化相对气温变化略有滞后，水温不能单纯由当时次的气温推算得出。前文分析得出的这些结果与很多学者的研究结论一致，因而若用气温预报水温，需先分析出哪些气温要素与水温相关性较为密切。

将春、夏、秋季逐日平均水温、最高水温和最低水温与前 1～5 日的平均气温、最高气温和最低气温进行交叉分析，筛选出与水温预报关系密切的气温要素。结果见表 6.3，T_0、T_{max0}、T_{min0} 分别为当日或预报平均气温、最高气温、最低气温，T_1、T_{max1}、T_{min1} 分别为前 1 日平均气温、最高气温、最低气温，T_2、T_{max2}、T_{min2} 分别为前 2 日平均气温、最高气温、最低气温，以此类推。水温与当日、前 1 日、前 2 日的气温相关系数较大，春季达到了 0.80～0.95，夏季为 0.75～0.80，秋季为 0.90～0.94，而与第 3 日、第 4 日、第 5 日气温的相关系数则相对较小。因此，可以选取当日与前 1 日和前 2 日的日平均气温、最高气温和最低气温作为预报因子，对各季节平均水温、最高水温、最低水温进行预报。春、夏、秋 3 个季节中夏季水温与气温的相关系数相对较小，可能与夏季温度升高，养殖户用抽水、灌水、增氧等人工方式调节水体环境有关。

表 6.3 中所列各项数值均通过双侧 0.1 水平显著性检验，在

0.1 水平上显著相关，取相关系数最大的 5 项气温要素作为水温预报因子。以春季为例，春季平均水温与当日平均气温、前 1 日平均气温、前 2 日平均气温、当日最低气温、前 1 日最低气温有关，相关系数在 0.80 以上。春季最高水温与当日平均气温、前 1 日平均气温、当日最高气温、当日最低气温、前 1 日最低气温有关，相关系数在 0.78 以上。春季最低水温与当日平均气温、前 1 日平均气温、前 2 日平均气温、当日最低气温、前 1 日最低气温有关，相关系数在 0.80 以上。夏季、秋季水温与气温相关系数最大的 5 项气温要素见表 6.3（用斜粗体标出）。

用 logistic 函数多项回归法进行分析，根据气温求水温，得出各季节日平均水温、日最高水温、日最低水温预报模型公式如下。Y 为水温，T 为气温（回归系数见表 6.4）。

春季日平均水温公式：$Y=0.612\times T_0-0.032\times T_1+0.283\times T_2+0.075\times T_{\min0}+0.151\times T_{\min1}+0.347$。

春季日最高水温公式：$Y=1.072\times T_0+0.244\times T_1-0.214\times T_{\max0}-0.331\times T_{\min0}+0.205\times T_{\min1}+3.776$。

春季日最低水温公式：$Y=0.523\times T_0-0.084\times T_1+0.311\times T_2+0.228\times T_{\min0}+0.164\times T_{\min1}-1.422$。

夏季日平均水温公式：$Y=0.348\times T_0+0.168\times T_1+0.016\times T_{\min0}+0.063\times T_{\min1}+0.418\times T_{\min2}+3.508$。

夏季日最高水温公式：$Y=0.406\times T_0+0.004\times T_1+0.347\times T_{\min0}+0.076\times T_{\min1}+0.189\times T_{\min2}+3.629$。

夏季日最低水温公式：$Y=0.175\times T_1+0.133\times T_2+0.366\times T_{\min0}+0.008\times T_{\min1}+0.310\times T_{\min2}+3.760$。

秋季日平均水温公式：$Y=0.526\times T_0-0.138\times T_1+0.402\times T_2-0.102\times T_{\min0}+0.163\times T_{\min1}+4.850$。

秋季日最高水温公式：$Y=0.419\times T_0-0.007\times T_1+0.433\times T_2+0.008\times T_{\max1}+0.001\times T_{\min1}+5.359$。

秋季日最低水温公式：$Y=0.478\times T_0-0.230\times T_1+0.361\times T_2+0.018\times T_{\min0}+0.225\times T_{\min1}+4.659$。

表 6.3　春季水温与气温相关系数

单位：℃

		T_0	T_1	T_2	T_3	T_4	T_5	T_6	T_{max0}	T_{max1}	T_{max2}	T_{max3}	T_{max4}	T_{max5}	T_{max6}	T_{max0}	T_{min1}	T_{min2}	T_{min3}	T_{min4}	T_{min5}	T_{min6}
春季	平均水温	***0.91***	***0.89***	***0.80***	0.72	0.66	0.62	0.62	0.80	0.79	0.68	0.57	0.51	0.49	0.50	***0.87***	***0.83***	0.76	0.71	0.66	0.64	0.63
	最高水温	***0.88***	***0.86***	0.76	0.69	0.64	0.61	0.63	***0.80***	0.77	0.63	0.52	0.49	0.48	0.51	***0.82***	***0.79***	0.74	0.70	0.64	0.62	0.63
	最低水温	***0.90***	***0.89***	***0.81***	0.72	0.66	0.61	0.60	0.78	0.78	0.69	0.58	0.51	0.48	0.48	***0.89***	***0.83***	0.76	0.71	0.66	0.62	0.61
夏季	平均水温	***0.77***	***0.80***	0.76	0.72	0.69	0.69	0.68	0.70	0.71	0.66	0.61	0.58	0.59	0.60	***0.78***	***0.80***	***0.77***	0.74	0.73	0.73	0.73
	最高水温	***0.78***	***0.80***	***0.75***	0.71	0.69	0.69	0.69	0.73	0.72	0.66	0.60	0.59	0.60	0.61	***0.78***	***0.79***	0.75	0.73	0.74	0.74	0.74
	最低水温	0.75	***0.79***	***0.77***	0.72	0.69	0.68	0.68	0.67	0.69	0.67	0.61	0.58	0.58	0.59	***0.77***	***0.80***	***0.78***	0.74	0.73	0.73	0.73
秋季	平均水温	***0.93***	***0.94***	***0.93***	0.90	0.87	0.84	0.82	0.88	0.90	0.89	0.87	0.84	0.81	0.80	***0.92***	***0.92***	0.90	0.86	0.83	0.80	0.78
	最高水温	***0.92***	***0.94***	***0.93***	0.89	0.85	0.83	0.82	0.88	***0.90***	0.89	0.86	0.82	0.80	0.78	0.90	***0.91***	0.89	0.85	0.81	0.80	0.78
	最低水温	***0.94***	***0.94***	***0.93***	0.90	0.87	0.85	0.83	0.87	0.89	0.88	0.86	0.84	0.82	0.80	***0.93***	***0.93***	0.90	0.86	0.83	0.81	0.79

表 6 4　水温预报模型

春季	平均水温模型	影响因子	当日平均气温	前 1 日平均气温	前 2 日平均气温	当日最低气温	前 1 日最低气温	常量
		回归系数	0.612	−0.032	0.283	0.075	0.151	0.347
	最高水温模型	影响因子	当日平均气温	前 1 日平均气温	当日最高气温	当日最低气温	前 1 日最低气温	常量
		回归系数	1.072	0.244	−0.214	−0.331	0.205	3.776
	最低水温模型	影响因子	当日平均气温	前 1 日平均气温	前 2 日平均气温	当日最低气温	前 1 日最低气温	常量
		回归系数	0.523	−0.084	0.311	0.228	0.164	−1.422
夏季	平均水温模型	影响因子	当日平均气温	前 1 日平均气温	当日最低气温	前 1 日最低气温	前 2 日最低气温	常量
		回归系数	0.348	0.168	0.016	0.063	0.418	3.508
	最高水温模型	影响因子	当日平均气温	前 1 日平均气温	前 2 日平均气温	当日最低气温	前 1 日最低气温	常量
		回归系数	0.406	0.004	0.347	0.076	0.189	3.629
	最低水温模型	影响因子	前 1 日平均气温	前 2 日平均气温	当日最低气温	前 1 日最低气温	前 2 日最低气温	常量
		回归系数	0.175	0.133	0.366	0.008	0.310	3.760
秋季	平均水温模型	影响因子	当日平均气温	前 1 日平均气温	前 2 日平均气温	当日最低气温	前 1 日最低气温	常量
		回归系数	0.526	−0.138	0.402	−0.102	0.163	4.850
	最高水温模型	影响因子	当日平均气温	前 1 日平均气温	前 2 日平均气温	前 1 日最高气温	前 1 日最低气温	常量
		回归系数	0.419	−0.007	0.433	0.008	0.001	5.359
	最低水温模型	影响因子	当日平均气温	前 1 日平均气温	前 2 日平均气温	当日最低气温	前 1 日最低气温	常量
		回归系数	0.478	−0.230	0.361	0.018	0.225	4.659

6.2.2 预报值与实测值验证

实测水温与预报水温相关性使用logistic模型能较好地拟合，可明显看出水温实测值与预报值散点分布在 $y=x$ 线两侧，拟合结果见图6.4。春季实测平均水温与预报平均水温、实测最高水温与预报最高水温、实测最低水温与预报最低水温相关系数 R^2 分别为0.895、0.830、0.901，相关系数 R 分别为0.9460、0.9110、0.9492，相关系数 R 均大于0.90。夏季实测平均水温与预报平均水温、实测最高水温与预报最高水温、实测最低水温与预报最低水温相关系数 R^2 分别为0.764、0.747、0.750，相关系数 R 分别为0.8741、0.8643、0.8660，相关系数 R 均大于0.86。秋季实测平均水温与预报平均水温、实测最高水温与预报最高水温、实测最低水温与预报最低水温相关系数 R^2 分别为0.925、0.913、0.929，相关系数 R 分别为0.9618、0.9555、0.9638，相关系数 R 均大于0.95。春、夏、秋季实测平均水温与预报平均水温、实测最高水温与预报最高水温、实测最低水温与预报最低水温相关系数很大，分别在0.90、0.86、0.95以上，证明实测水温与预报水温相关性很好。

由表6.5可知，春季平均水温、最高水温、最低水温模拟结果与实测值的标准差在2 ℃以内，平均绝对误差在1.6 ℃以内，相对误差在8%以内。夏季平均水温、最高水温、最低水温模拟结果与实测值的标准差在1.8 ℃以内，平均绝对误差在1.5 ℃以内，相对误差在5%以内。秋季平均水温、最高水温、最低水温模拟结果与实测值的标准差在1.7 ℃以内，平均绝对误差在1.4 ℃以内，相对误差在7%以内。各季节预报模型平均水温、最高水温、最低水温模拟结果与实测值均小于2 ℃，高于天气预报考核预报值与实测值相差±2 ℃标准，模拟效果较好。气象部门对气温的预报，一般可以做3～7 d的滚动预报。同理，根据气温做水温预报的预报模型，也能做出3～7 d的滚动水温预报。

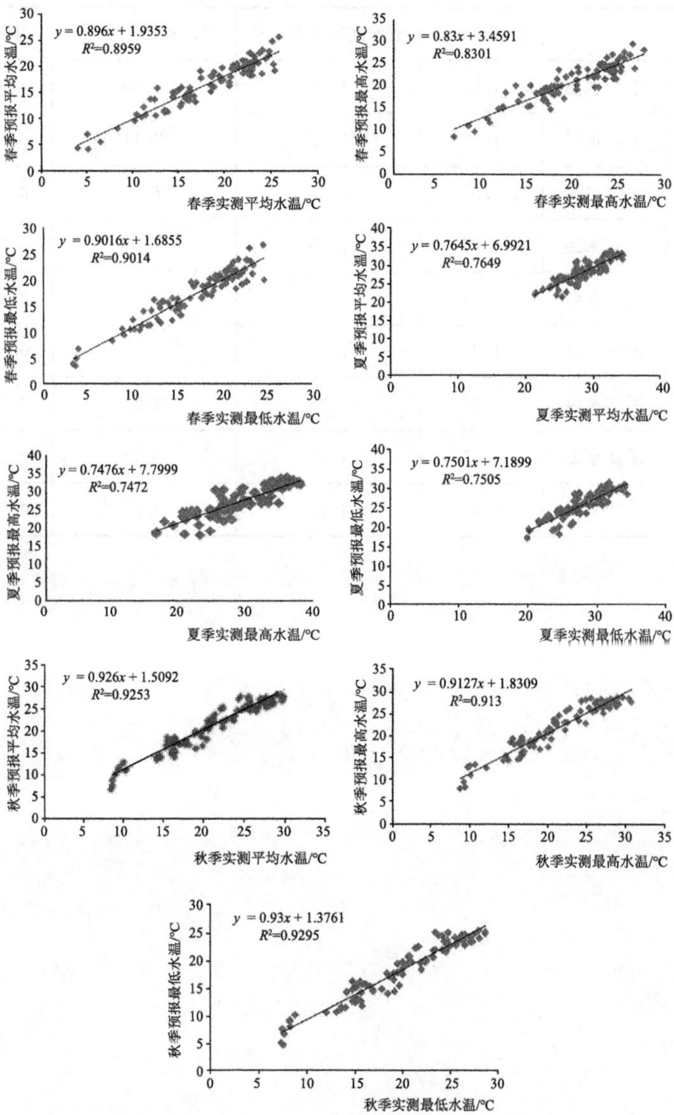

图 6.4　预报水温与实测水温的拟合结果

表 6.5 实测水温与预报水温误差分析

		标准差/℃	平均绝对误差/℃	平均相对误差/%	相关性
春季	平均水温	1.55	1.26	6.80	0.9460
	最高水温	1.92	1.52	7.44	0.9110
	最低水温	1.57	1.25	7.31	0.9492
夏季	平均水温	1.64	1.39	4.66	0.8741
	最高水温	1.78	1.47	4.75	0.8643
	最低水温	1.65	1.39	4.84	0.8660
秋季	平均水温	1.51	1.25	6.21	0.9618
	最高水温	1.66	1.37	6.59	0.9555
	最低水温	1.45	1.19	6.17	0.9638

第7章　小龙虾气候品质评价

农产品气候品质认证的主要认证对象是农业生产过程及其所生产的初级农产品或粗加工产品，揭示的是农产品在生长全过程中产地的气候品质信息，这项认证是通过相关数据的采集收集、实地调查、实验试验、对比分析等技术手段方法，设置认证气候条件指标，并利用模糊数学理论，把气象因子的数量变化通过模糊数学中隶属函数的方法转化成对作物生长发育、产量形成的适宜程度，进行定量的气候适宜性分析，综合评价确定天气气候对生产阶段的农产品品质影响的优劣，最终评定出农产品气候品质等级。通过研究不同养殖时段的气候条件对小龙虾品质的影响、构建小龙虾气候品质指标评价模型、定量分析研究气候因素对小龙虾品质的影响，可为客观评价小龙虾品质、提高市场竞争力提供科学依据。

7.1　小龙虾气候品质评价方法

随着“智慧农业”的兴起，农产品已由“看天吃饭”转型为“知天而作”。农产品气候品质评价则通过深入挖掘气象、气候资源的价值，评价农产品全生育期的气候适宜性，进而提升农产品品牌形象和市场竞争力。目前已有国内外学者采用主成分分析、层次分析、逐步回归以及TS评分等方法建立了浙江龙井茶(金志凤 等，2015)、陕西红富士苹果(刘璐 等，2018)、赣南脐橙(谢远玉 等，2019)、砀山酥梨(李德 等，2018)、“湖景蜜露”水蜜桃(杨栋 等，2018)、“玉香油占”超级稻(王华 等，2017)等农产品气候品质评价模型，开展气候品质认证，极大提高了地方特色品牌的认知度,促进了特色农产品的提质增效。

然而,现有农产品气候品质评价研究成果主要是植物类农产品,关于气候条件对小龙虾品质影响的定量关系方面研究鲜见报道,但随着小龙虾产业的发展,品牌意识增强,开展小龙虾气候品质认证的社会需求越来越多。本研究通过小龙虾分期投苗试验,测定不同养殖期小龙虾品质,对比分析不同养殖期小龙虾的品质变化特征,筛选影响小龙虾品质形成的关键气候因子,建立小龙虾气候品质指数评价模型,确定小龙虾气候品质等级划分标准,对荆州市1991—2020年不同投苗期小龙虾气候品质进行评价,以期为开展小龙虾气候品质认证提供技术支撑,促进小龙虾产业高效可持续发展。

7.1.1 资料与方法

7.1.1.1 资料来源

气象资料来源于荆州市国家气象站1991—2020年逐日平均气温、最高气温、最低气温、日照时数、降水量等数据,根据试验记录的小龙虾投苗、捕捞期,统计得到各养殖期捕捞前1～20 d、1～25 d、1～30 d和1～35 d的阴天数、日较差、雨日数、日照时数等数据。水温数据来源于荆州市太湖港智慧气象示范农场水质监测站,时间长度为2019年5月21日至2020年4月6日和2020年8月17日至2021年8月2日。

7.1.1.2 研究方法

(1) 小龙虾分期投苗试验。试验所用的小龙虾虾苗取自荆州高新区智慧气象示范农场虾稻共作种养基地,雌雄比例随机,分别于不同日期投放虾苗,达到商品虾规格捕捞,根据投苗和捕捞日期共设置7个不同养殖期,其中首批养殖期为2020年3月20日投放虾苗,2020年4月25日捕捞(养殖期记为03-20—04-25,以下同理),其他6个养殖期分别为04-25—05-28、06-01—06-30、07-01—07-25、08-05—08-31、08-10—09-15、09-10—10-09,不同养殖期小龙虾饲料投喂保持一致。

(2)小龙虾品质指标测定。常规营养成分中水分测定采用冷冻干燥法；粗蛋白采用凯氏定氮法(GB/T 5009.5—2016)；粗脂肪采用索氏抽提法(GB/T 5009.6—2016)；粗灰分采用灼烧称重法(GB/T 5009.4—2016)；质构特性采用质地剪切力测定法，即利用 TVT-300 XPNY/T 1180—2006 型质构仪测定硬度、弹性、凝聚性、黏性、咀嚼型、回复性等；氨基酸采用微波辅助酸水解法(GB/T 5009.124—2016)。

(3)小龙虾气候品质评价指标确定。养殖期(35 d 左右)温度对小龙虾生长发育影响最显著，适宜的温度有利于优质小龙虾的形成，气温过低容易引起小龙虾产生应激反应或者不进食；气温过高容易造成小龙虾缺氧、上岸、疾病多发。光照是继温度之后第二个对小龙虾品质有较大影响的气象因子，小龙虾不喜强光，喜在水底栖息，遮阴条件对小龙虾早期生长阶段的生长发育有促进作用。强降水天气易造成水体环境发生突变，硫化氢、氨态氮、亚硝酸盐等浓度及 pH 升高，对小龙虾生长造成不良影响。本研究选取小龙虾捕捞前 1～20 d、1～25 d、1～30 d 和 1～35 d 的阴天数、气温日较差、雨日数、日照时数等 16 个气象要素作为小龙虾气候品质评价指标的气象因子。

(4)小龙虾气候品质评价模型构建。采取相关分析法普查小龙虾养殖期间的温、光、水等气象因子与小龙虾品质指标之间的相关程度。其中将相关程度高且通过显著性检验的气象因子作为影响小龙虾品质的关键气象因子，受该项气象因子影响较大的品质指标作为小龙虾气候敏感性品质指标，采用逐步回归法建立各关键气象因子与小龙虾气候敏感性品质之间的回归方程，使用主成分回归方法对小龙虾各项气候敏感性品质指标进行提取，并构建小龙虾气候综合品质评价指数及模型。

(5)小龙虾气候品质等级划分。农产品气候品质等级的划分有很多，本研究采用概率四分位法，通过偏态数据离散程度的统计描述分析，对小龙虾关键品质因素进行等级划分，划分为“特优”“优”“良”“一般”四个等级，并根据评价模型对小龙虾各项品质指标及综合品质指数划分等级标准。

(6)小龙虾养殖期时段推算。根据前人研究成果，将水温 13 ℃

和 33 ℃分别作为小龙虾生长发育过程中的水温下限和上限温度，计算虾苗投苗至长成商品成熟虾所需有效水温积温：

$$K=\begin{cases}\sum_{i=1}^{n}(T_i-C) & (13\leqslant T_i\leqslant 33)\\ 0 & (T_i<13 \text{ 或 } T_i>33)\end{cases} \tag{7.1}$$

式中：K 为小龙虾从投苗至成熟所需有效水温积温，单位为 ℃·d；T_i 为投苗至成熟期逐日平均水温；C 为小龙虾生长水温下限，取 13 ℃。

7.1.1.3 数据处理与分析

采用 SPSS 24.0 软件对数据进行单因素方差分析，并用最小显著差异(LSD)法进行显著性检验($P<0.05$)，数据用平均值±标准差(mean±SD)表示。

7.1.2 结果与分析

7.1.2.1 不同养殖期小龙虾品质特征

(1)不同养殖期小龙虾虾肉常规营养成分差异。由表 7.1 可知，不同养殖期小龙虾虾肉中常规营养成分存在显著性差异，其中第 2 养殖期和第 7 养殖期小龙虾虾肉中水分显著高于其他养殖期($P<0.05$)。第 5 养殖期和第 6 养殖期小龙虾虾肉中粗蛋白显著高于其他养殖期。第 6 养殖期和第 7 养殖期小龙虾虾肉中粗脂肪显著低于其他养殖期。第 3 养殖期小龙虾虾肉灰分高于其他养殖期，与第 4 养殖期差异不显著($P>0.05$)，而与其他养殖期差异显著。

(2)不同养殖期小龙虾虾肉质构特性差异。由表 7.2 可知，不同养殖期小龙虾虾肉质构特性也存在差异性，其中第 3 养殖期小龙虾虾肉硬度显著高于第 6 养殖期，与其他养殖期差异不显著。第 3 养殖期、第 4 养殖期和第 6 养殖期小龙虾虾肉弹性高于其他养殖期，除与第 5 养殖期差异不显著外，与其他阶段差异均显著。第 3 养殖期小龙虾虾肉凝聚性、黏性、咀嚼性和回复性均高于其他养殖期。第 3 养殖期和第 4 养殖期小龙虾虾肉粘连性显著低于其他养殖期。第 1 养殖期、第 5 养殖期和第 6 养殖期小龙虾虾肉黏性显著高于其他养殖期。

表 7.1 不同养殖期小龙虾虾肉中常规营养成分含量

营养成分	第 1 养殖期 (3/20—4/25)	第 2 养殖期 (4/25—5/28)	第 3 养殖期 (6/1—6/30)	第 4 养殖期 (7/1—7/25)	第 5 养殖期 (8/5—8/31)	第 6 养殖期 (8/10—9/15)	第 7 养殖期 (9/10—10/9)
水分/%	79.04 ± 0.41^{b}	80.32 ± 0.12^{a}	79.01 ± 0.06^{b}	78.86 ± 0.55^{b}	78.54 ± 0.20^{b}	78.69 ± 0.12^{b}	79.89 ± 0.06^{a}
粗蛋白/(g/100 g)	16.05 ± 0.37^{c}	16.01 ± 0.82^{c}	16.22 ± 0.26^{c}	16.36 ± 0.58^{c}	19.58 ± 0.14^{a}	18.76 ± 0.02^{a}	17.58 ± 0.06^{b}
粗脂肪/(g/100 g)	0.38 ± 0.02^{ab}	0.36 ± 0.04^{b}	0.32 ± 0.05^{b}	0.45 ± 0.02^{a}	0.35 ± 0.01^{b}	0.12 ± 0.06^{d}	0.22 ± 0.02^{c}
灰分/(g/100 g)	1.39 ± 0.01^{c}	1.39 ± 0.01^{c}	1.47 ± 0.00^{a}	1.46 ± 0.01^{ab}	1.42 ± 0.03^{b}	1.44 ± 0.01^{b}	1.34 ± 0.00^{d}

注：同列数据上角标不同小写字母表示处理间差异显著($P<0.05$)，相同小写字母表示处理间无显著差异($P>0.05$)，下同。

表 7.2 不同养殖期小龙虾虾肉中质构特性含量

质构特性	第 1 养殖期 (3/20—4/25)	第 2 养殖期 (4/25—5/28)	第 3 养殖期 (6/1—6/30)	第 4 养殖期 (7/1—7/25)	第 5 养殖期 (8/5—8/31)	第 6 养殖期 (8/10—9/15)	第 7 养殖期 (9/10—10/9)
硬度/g	466.84 ± 30.30^{ab}	478.95 ± 49.74^{ab}	539.25 ± 4[illegible]$.66^{a}$	524.20 ± 142.55^{ab}	466.84 ± 67.69^{ab}	385.64 ± 71.74^{b}	483.63 ± 11.49^{ab}
弹性/mm	0.44 ± 0.02^{b}	0.47 ± 0.02^{b}	0.52 ± 0.01^{a}	0.54 ± 0.01^{a}	0.50 ± 0.04^{ab}	0.53 ± 0.04^{a}	0.47 ± 0.02^{b}
凝聚性	0.41 ± 0.01^{b}	0.47 ± 0.02^{ab}	0.50 ± 0.00^{a}	0.48 ± 0.02^{ab}	0.42 ± 0.03^{b}	0.47 ± 0.01^{ab}	0.45 ± 0.01^{b}
黏性/g	194.46 ± 15.46^{b}	222.83 ± 14.98^{ab}	270.66 ± 1[illegible]$.10^{a}$	260.35 ± 90.79^{ab}	202.81 ± 36.67^{ab}	179.48 ± 28.66^{b}	217.11 ± 1.17^{ab}
咀嚼性/g	86.36 ± 6.91^{b}	107.43 ± 21.00^{ab}	137.08 ± 1[illegible]$.48^{a}$	134.49 ± 32.22^{a}	100.47 ± 24.00^{ab}	96.37 ± 22.51^{ab}	104.05 ± 8.15^{ab}
回复性	0.22 ± 0.01^{c}	0.27 ± 0.01^{b}	0.30 ± 0.01^{a}	0.28 ± 0.03^{ab}	0.22 ± 0.02^{c}	0.25 ± 0.00^{bc}	0.27 ± 0.00^{ab}

(3)不同养殖期小龙虾虾肉氨基酸组成与含量差异。由表 7.3 可知,小龙虾虾肉中包含 7 种必需氨基酸赖氨酸(Lys)、苏氨酸(Thr)、苯丙氨酸(Phe)、缬氨酸(Val)、蛋氨酸(Met)、异亮氨酸(Ile)、亮氨酸(Leu); 2 种半必需氨基酸组氨酸(His)和精氨酸(Arg);8 种非必需氨基酸丝氨酸(Ser)、谷氨酸(Glu)、丙氨酸(Ala)、酪氨酸(Tyr)、脯氨酸(Pro)、天门冬氨酸(Asp)、甘氨酸(Gly)、胱氨酸(Cys)。必需氨基酸中,不同养殖期小龙虾虾肉中的 Ile、Phe 无显著差异,其他氨基酸含量均存在差异。在第 1 养殖期 Val、Lys、His、Asp、Gly 含量高于其他养殖期,第 5 养殖期 Leu 和 Thr 含量高于其他养殖期。必需氨基酸中,Lys 含量最高,Met 含量最低。鲜味氨基酸主要包括 Glu、Gly、Ala 和 Asp,不同鲜味氨基酸含量由高到低分别为 Glu、Gly、Asp、Ala。第 1 养殖期小龙虾虾肉的氨基酸总含量(TAA)、必需氨基酸总量(EAA)、半必需氨基酸总量(Semi-EAA)、非必需氨基酸总量(NEAA)以及鲜味氨基酸总量(DAA)最高。

7.1.2.2 养殖期气候条件对小龙虾品质的影响

小龙虾虾肉中缬氨酸、赖氨酸以及弹性、咀嚼性、回复性、黏性等品质因素与养殖期的气候因素相关系数较大,且通过了 0.05 显著性检验,其中必需氨基酸中缬氨酸与捕捞前 1～35 d 的阴天数呈正相关;赖氨酸与捕捞前 1～30 d 的平均气温呈负相关;质构特性中弹性与捕捞前 1～35 d 的平均气温呈正相关;咀嚼性与捕捞前 1～20 d 的日较差呈负相关;回复性与捕捞前 1～20 d 的阴天数呈正相关;黏性与捕捞前 1～20 d 的雨日数呈正相关(图 7.1)。

7.1.2.3 小龙虾气候品质评价模型建立及等级划分

(1)小龙虾气候品质评价模型建立。小龙虾缬氨酸、赖氨酸以及弹性、咀嚼性、回复性、黏性等品质因素与其养殖期气候条件密切相关,为气候敏感性品质因子。利用主成分分析方法建立综合品质指数,将各品质的气候推算方程代入综合品质指数,从而构建小龙虾气候综合品质评价模型,如公式(7.2)所示。

表 7.3 不同养殖期小龙虾虾肉中氨基酸组成与含量

氨基酸类别/(g/100 g)	氨基酸名称	第1养殖期(3/20—4/25)	第2养殖期(4/25—5/28)	第3养殖期(6/1—6/30)	第4养殖期(7/1—7/25)	第5养殖期(8/5—8/31)	第6养殖期(8/10—9/15)	第7养殖期(9/10—10/9)
必需氨基酸(EAA)	亮氨酸(Leu)	1.45 ± 0.06^{ab}	1.39 ± 0.03^{b}	1.42 ± 0.03^{ab}	1.48 ± 0.04^{ab}	1.50 ± 0.08^{a}	1.40 ± 0.04^{ab}	1.38 ± 0.01^{b}
	蛋氨酸(Met)	0.33 ± 0.01^{a}	0.28 ± 0.04^{a}	0.32 ± 0.05^{a}	0.18 ± 0.03^{b}	0.07 ± 0.03^{c}	0.30 ± 0.05^{a}	0.16 ± 0.03^{b}
	缬氨酸(Val)	0.79 ± 0.02^{a}	0.73 ± 0.01^{ab}	0.79 ± 0.01^{a}	0.79 ± 0.05^{a}	0.67 ± 0.07^{b}	0.73 ± 0.02^{ab}	0.75 ± 0.08^{ab}
	异亮氨酸(Ile)	0.80 ± 0.03^{a}	0.79 ± 0.01^{a}	0.76 ± 0.08^{a}	0.80 ± 0.06^{a}	0.77 ± 0.04^{a}	0.74 ± 0.04^{a}	0.74 ± 0.01^{a}
	苯丙氨酸(Phe)	0.81 ± 0.05^{a}	0.84 ± 0.03^{a}	0.79 ± 0.03^{a}	0.83 ± 0.07^{a}	0.84 ± 0.04^{a}	0.82 ± 0.01^{a}	0.78 ± 0.04^{a}
	苏氨酸(Thr)	0.75 ± 0.03^{a}	0.65 ± 0.01^{b}	0.72 ± 0.01^{ab}	0.72 ± 0.02^{ab}	0.77 ± 0.09^{a}	0.70 ± 0.01^{ab}	0.74 ± 0.07^{ab}
	赖氨酸(Lys)	1.59 ± 0.08^{a}	1.47 ± 0.03^{b}	1.51 ± 0.03^{ab}	1.50 ± 0.11^{ab}	1.34 ± 0.04^{b}	1.43 ± 0.01^{b}	1.53 ± 0.16^{ab}
半必需氨基酸(Semi-EAA)	精氨酸(Arg)	1.99 ± 0.07^{b}	1.89 ± 0.02^{c}	2.00 ± 0.00^{b}	2.03 ± 0.03^{b}	2.13 ± 0.05^{a}	1.88 ± 0.01^{c}	1.87 ± 0.03^{c}
	组氨酸(His)	0.50 ± 0.03^{a}	0.41 ± 0.01^{b}	0.42 ± 0.02^{b}	0.42 ± 0.02^{b}	0.41 ± 0.02^{b}	0.40 ± 0.01^{b}	0.39 ± 0.00^{b}
非必需氨基酸(NEAA)	天门冬氨酸(Asp)	1.97 ± 0.07^{a}	1.68 ± 0.02^{b}	1.82 ± 0.01^{ab}	1.79 ± 0.05^{ab}	1.78 ± 0.14^{b}	1.79 ± 0.01^{b}	1.86 ± 0.17^{ab}
	丙氨酸(Ala)	0.86 ± 0.02^{c}	0.80 ± 0.01^{cd}	0.77 ± 0.02^{d}	0.73 ± 0.05^{d}	1.10 ± 0.06^{a}	0.95 ± 0.01^{b}	0.94 ± 0.05^{b}
	谷氨酸(Glu)	2.92 ± 0.11^{ab}	2.78 ± 0.06^{b}	2.94 ± 0.02^{ab}	3.07 ± 0.19^{a}	2.83 ± 0.18^{b}	2.73 ± 0.01^{bc}	2.53 ± 0.04^{c}
	甘氨酸(Gly)	2.77 ± 0.08^{a}	2.63 ± 0.09^{a}	2.76 ± 0.02^{a}	2.76 ± 0.23^{a}	0.77 ± 0.06^{b}	0.77 ± 0.01^{b}	0.84 ± 0.06^{b}

续表

氨基酸类别/(g/100 g)	氨基酸名称	第 1 养殖期(3/20—4/25)	第 2 养殖期(4/25—5/28)	第 3 养殖期(6/1—6/30)	第 4 养殖期(7/1—7/25)	第 5 养殖期(8/5—8/31)	第 6 养殖期(8/10—9/15)	第 7 养殖期(9/10—10/9)
非必需氨基酸(NEAA)	丝氨酸(Ser)	0.76 ± 0.03^{a}	0.70 ± 0.02^{b}	0.78 ± 0.00^{a}	0.77 ± 0.00^{a}	0.75 ± 0.04^{a}	0.73 ± 0.00^{ab}	0.73 ± 0.01^{ab}
	胱氨酸(Cys)	0.16 ± 0.01^{c}	0.04 ± 0.04^{e}	0.09 ± 0.00^{d}	0.10 ± 0.03^{d}	0.30 ± 0.01^{a}	0.27 ± 0.02^{ab}	0.26 ± 0.01^{b}
	脯氨酸(Pro)	0.72 ± 0.02^{ab}	0.64 ± 0.02^{b}	0.72 ± 0.01^{ab}	0.75 ± 0.10^{ab}	0.87 ± 0.24^{a}	0.66 ± 0.01^{ab}	0.57 ± 0.01^{b}
	酪氨酸(Tyr)	0.55 ± 0.06^{a}	0.57 ± 0.01^{a}	0.51 ± 0.03^{a}	0.59 ± 0.03^{a}	0.57 ± 0.08^{a}	0.60 ± 0.02^{a}	0.53 ± 0.01^{a}
氨基酸总含量(TAA)		19.72	18.29	19.12	19.31	17.47	16.9	16.6
必需氨基酸总量(EAA)		6.52	6.15	6.31	6.30	5.96	6.12	6.08
半必需氨基酸(Semi-EAA)		2.49	2.30	2.42	2.45	2.54	2.28	2.26
非必需氨基酸总量(NEAA)		10.71	9.84	10.39	10.56	8.97	8.50	8.26
鲜味氨基酸总量(DAA)		8.52	7.89	8.29	8.35	6.48	6.24	6.17

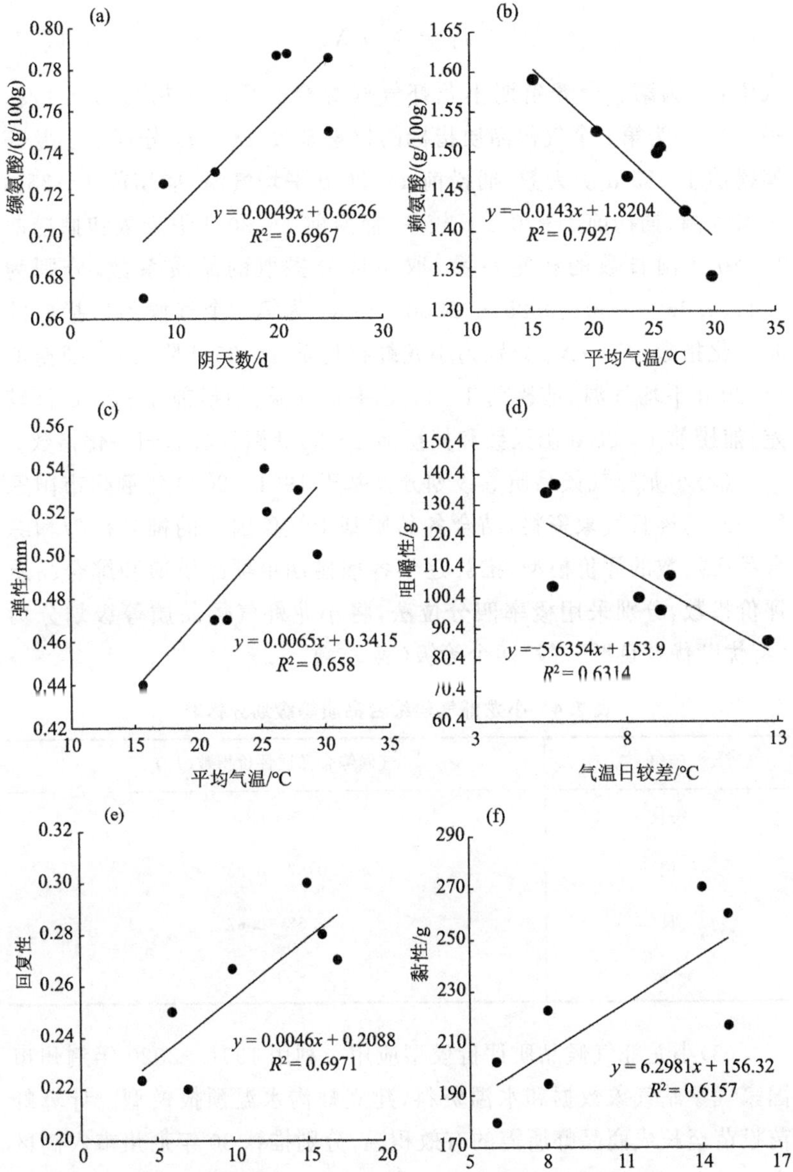

图 7.1 小龙虾品质与气象因子的相关性分析

$$I_j=\sum_{i=1}^{6}a_iX_i \tag{7.2}$$

式中：I_j 为第 j 个养殖期小龙虾气候综合品质评价指数（$j=1,2,\cdots,7$）；a_i 为第 i 个气候品质指标的权重系数，$a_1\sim a_6$ 分别为小龙虾捕捞前 1～35 d 阴天数、捕捞前 1～30 d 平均气温、捕捞前 1～35 d 平均气温、捕捞前 1～20 d 日较差、捕捞前 1～20 d 阴天数和捕捞前 1～20 d 雨日数的权重系数，取主成分提取的品质系数，分别为 0.41、0.36、−0.01、0.25、0.29、0.31；X_i 为第 i 个气候品质指标的归一化指数，$X_1\sim X_6$ 分别为小龙虾捕捞前 1～35 d 阴天数、捕捞前 1～30 d 平均气温、捕捞前 1～35 d 平均气温、捕捞前 1～20 d 日较差、捕捞前 1～20 d 阴天数和捕捞前 1～20 d 雨日数的归一化指数。

(2)小龙虾气候品质等级划分。基于 1991—2020 年荆州市国家气象站的逐日气象资料，结合各品质基于气象因子的推算模型和综合品质指数的评价模型，推算逐年各捕捞期单项品质值和综合品质评价指数，分别采用概率四分位法，将小龙虾气候品质等级划分为“特优”“优”“良”“一般”四个等级（表 7.4）。

表 7.4　小龙虾气候综合品质等级划分标准

等级	气候综合品质评价指数(I_j)
特优	≥0.83
优	0.67～0.83
良	0.52～0.67
一般	<0.52

(3)小龙虾气候品质评价模型应用。利用 1991—2020 年荆州市国家气象站气象数据和水温资料，建立虾沟水温预报模型。计算虾苗投苗至长成商品虾所需的有效积温，分别推算 30 年荆州市农高区自 3 月 10 日（早稻移栽后）开始，以 5 d 为步长的投苗期至捕捞成熟时小龙虾的气候综合品质评价指数，并根据分级标准进行评价。由

图 7.2 可知，小龙虾气候品质等级中特优、优、良频次随投苗时间序列先减小后增加，特优、优、良与一般虾出现频次呈相反趋势，其中投苗期为 04-05—05-15 特优和优等虾出现频次较多，投苗从 6 月开始小龙虾气候品质开始变差，一直到 8 月下旬投苗，特优和优等虾出现频次增加，9 月中旬小龙虾品质等级较高。投苗期为 04-05—05-15 和 09-05—09-10 的小龙虾气候品质指数较高，品质较好，对应出现优等虾频次较多，一般虾品质频次较少，该养殖阶段阴天数较多，捕捞前 1～30 d 阴天数为 15～16 d，捕捞前 1～20 d 阴天数为 9～10 d，有利于小龙虾中缬氨酸的合成以及虾肉回复性的增加，同时平均气温维持在 22～23 ℃，较为适宜小龙虾的生长所需温度，利于小龙虾生长发育及优等虾的形成。投苗期为 07-15—08-05 的小龙虾气候品质指数较低，小龙虾品质较差，这时候一般虾出现频次较多，特优和优等虾频次较少，该养殖期阴天数较少，捕捞前 1～35 d 的阴天数为 9～10 d，捕捞前 1～20 d 的阴天数为 5～6 d，平均气温高达 28～29 ℃，不利于小龙虾中氨基酸合成。另外，当盛夏高温闷热天气与小龙虾的关键生长期重合时，严重时会直接造成小龙虾大面积泛塘死亡，从而大幅降低小龙虾品质。

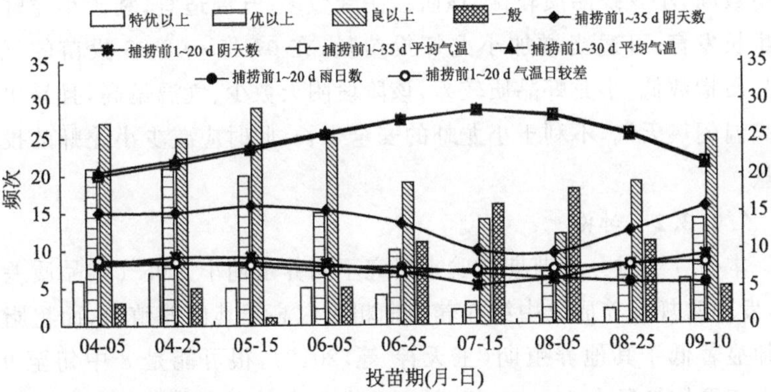

图 7.2　不同投苗期小龙虾气候品质及养殖期气候条件

7.1.3 结论与讨论

7.1.3.1 结论

本研究通过方差分析研究不同养殖期小龙虾品质的差异性，探究不同养殖期气候条件对小龙虾品质的影响，利用相关分析和主成分分析建立小龙虾气候综合品质评价模型和等级划分标准，并对荆州市 1991—2020 年不同养殖期的小龙虾品质进行评价，结论如下。

(1)不同养殖期小龙虾常规营养成分、质构特性、氨基酸等品质因素存在显著差异性，养殖期气候资源条件与小龙虾品质形成密切相关。

(2)氨基酸中缬氨酸、赖氨酸和质构特性中弹性、咀嚼性、回复性、黏性分别受捕捞前 1～35 d 的阴天数、1～30 d 的平均气温、1～35 d 的平均气温、1～20 d 的气温日较差、1～20 d 的阴天数和 1～20 d 雨日数气象因子影响显著。

(3)小龙虾气候综合品质评价标准为“特优(≥0.83)”“优(0.67～0.83)”“良(0.52～0.67)”“一般(<0.52)”。

(4)荆州小龙虾在 04-05—05-15 和 09-05—09-10 投苗的气候品质指数高，小龙虾品质较优，该阶段阴天数多、气温适宜，利于小龙虾的生长发育，可适当增加小龙虾投苗量；在 07-15—08-05 投苗的气候品质指数低，小龙虾品质较差，该阶段阴天数少、气温偏高，且易出现高温闷热天气，不利于小龙虾的安全生长，此时应减少小龙虾的投苗量。

7.1.3.2 讨论

本研究通过分投苗期试验来研究不同养殖期小龙虾气候品质差异，发现常规营养成分中第 6 养殖期粗蛋白高于其他养殖期，而粗脂肪却显著低于其他养殖期(王天神 等，2012)，很可能是 8 中旬至 9 月中旬平均气温为 23～25 ℃，处于小龙虾生长发育所需的适宜温度范围(倪玉红 等，2015)，小龙虾生理活动增加，新陈代谢加快，粗蛋白增加，粗脂肪减少；质构特性中第 3、第 4 养殖期弹性、黏性、咀嚼性、回复性高于其他养殖期，粘连性显著低于其他养殖期，小龙虾虾肉弹性受水分含量、粗脂肪含量变化影响，粗脂肪含量的增加会引起胶黏性增大，肌肉蛋白和水相互作用，形成交叉连接易导致弹性和咀嚼性降低(罗雅婷 等，2021)；氨基酸含量中第 1、第 3、第 4 和第 7 养殖期的缬氨酸、赖氨酸含量高于其他养殖期，小龙虾必需氨基酸含量占比高，有利于改善小龙虾个体机体生长水平，提高免疫力，促进营养物质的吸收(徐晨 等，2019)。

分期播种试验是研究农作物品质与气象条件关系的常用方法之一。如赵庆勇等(2013)通过分期播种试验研究稻米品质性状的差异，探讨不同播期对稻米加工、外观、蒸煮食味和营养品质的影响；明博等(2013)通过分期播种试验来研究玉米关键生育阶段气象条件对产量性状的影响。本研究正是借鉴分期播种试验方法来开展小龙虾气候品质评价工作，根据不同气候条件下小龙虾品质样本，通过相关分析得到了影响各品质因子的主要关键因子，并以此建立了基于关键因子的品质评价模型，但在模型检验时仍存在一定误差，其主要原因可能是除关键因子外，其他气候因子、气象灾害对品质也有一定程度的影响，加上目前还未统一小龙虾品质分级的标准，如何综合考虑各类气候要素、气象灾害对品质的影响，从而优化评价模型和小龙虾品质等级标准，需要进一步研究。

7.2 小龙虾气候品质评价案例

2021 年 10 月，潜江市气象服务中心对潜江市三乐农业科技有限公司小龙虾开展了气候品质评价，此评价案例介绍如下。

7.2.1 评价区域

7.2.1.1 地理概况

湖北省潜江市三乐农业科技有限公司小龙虾生产基地位于潜江

市后湖管理区西城路 232 号，占地面积 4000 余亩，集约化经营，紧邻美丽的长湖湖畔，且交通十分便利，水源充沛，水质清新，无面源污染，具有发展生态农业得天独厚的资源禀赋和优越的地理条件，目前小龙虾产出超过 300 t。

7.2.1.2 地形地貌

后湖管理区地处潜江腹地，属于平原地带，地势平坦，土地肥沃，光照适宜，雨量充沛。镇内海拔均在 30～65 m，海拔差异较小。

7.2.2 评价产品

小龙虾养殖模式分为精养和“虾-稻综合种养”两种模式，前者是高密度、多批次专门养殖小龙虾的一种模式，后者虾稻共作模式是利用稻田种植一季中稻以及全程养虾种养相结合的绿色、生态、高效的养殖模式。“虾稻共生”模式一般为“两虾一稻”，即养两季虾，种植一季中稻，每年的 8 月至 9 月中稻收割前投放亲虾，或 9 月至 10 月中稻收割后投放幼虾，第二年的 4 月中旬至 5 月下旬收获成虾，同时补投幼虾，5 月底、6 月初整田、插秧，8 月、9 月收获亲虾或商品虾，如此循环轮替的过程。经测定，小龙虾可食比率为 20%～30%，虾尾肉占体重的 15%～18%。虾肉中蛋白质含量占鲜重的 17.62%，脂肪为 0.29%，氨基酸总量占蛋白质的 77.2%，是一种高蛋白、低脂肪的健康食品。由于小龙虾肉味鲜美，营养丰富，深受国内外消费者的喜爱，目前已成为湖北潜江对外宣传的一张靓丽名片。

7.2.3 评价方法

7.2.3.1 评价资料

本次气候品质评价根据“气象站应离项目区域距离近，经纬度、海拔高度、地形地貌等特征值相似度较高”的原则，选取潜江气象观测站资料作为气候品质评价气象数据来源，潜江气象观测站距离评价基地 15.5 km。气象资料包括逐日平均气温、降水量、日照时数、气温日较差等。

7.2.3.2 评价指标

小龙虾品质形成主要取决于养殖期的气候条件，其中养殖期的气温被普遍认为是影响小龙虾品质最为显著的因子。气温对小龙虾的生长发育有明显的影响，适当的气温有利于优质小龙虾的形成；养殖期气温过低，容易引起小龙虾产生应激反应或者不进食，从而影响小龙虾的生长，甚至死亡；养殖期气温过高，容易造成小龙虾缺氧、上岸、疾病多发，从而造成死亡。

光照是继气温之后第二个对小龙虾品质有较大影响的气候因子。有关研究表明，小龙虾不喜强光，喜在水底栖息，多隐藏在洞穴中、水草下、砖石缝隙里，具有昼伏夜出的摄食习性，隐蔽所对小龙虾早期生长阶段的生长发育有促进作用。小龙虾存活率、发育速度和体长生长率与光照有着密切的关系，遮阴条件下的小龙虾存活率显著高于自然光组和全光照组。

强降水天气也会对小龙虾品质造成一定的影响。投苗后遇连阴雨天气对克氏原螯虾的存活十分不利，遇暴雨天气时易引起小龙虾逃逸或泛塘，同时水体环境会发生突变，硫化氢、氨态氮、亚硝酸盐等浓度及 pH 升高，原有的生态平衡被破坏，对克氏原螯虾生长造成不良影响，容易引发疾病。

根据以上研究结论，利用小龙虾品质数据与气象因子进行相关分析，确定影响小龙虾品质主要气候因子为捕捞前 1～35 d 的阴天数、捕捞前 1～30 d 的平均气温、捕捞前 1～35 d 的平均气温、捕捞前 1～20 d 的气温日较差、捕捞前 1～20 d 的阴天数和捕捞前 1～20 d 的雨日数等。

7.2.3.3 评价方法

参考《农产品气候品质认证技术规范》，在分析小龙虾品质与气象条件关系的基础上，以捕捞前 1～35 d 阴天数、捕捞前 1～30 d 平均气温、捕捞前 1～35 d 平均气温、捕捞前 1～20 d 气温日较差、捕捞前 1～20 d 阴天数和捕捞前 1～20 d 雨日数作为影响小龙虾品质的主要气象因子，通过主成分降维的方法，建立小龙虾气候综合品质等级评价模型：

$$I=\sum_{i=1}^{6}a_i X_i \tag{7.3}$$

式中：I 为某个养殖期小龙虾气候综合品质评价指数；a_i 为第 i 个气候品质指标的权重系数，$a_1 \sim a_6$ 分别为小龙虾捕捞前 1～35 d 阴天数、捕捞前 1～30 d 平均气温、捕捞前 1～35 d 平均气温、捕捞前 1～20 d 气温日较差、捕捞前 1～20 d 阴天数和捕捞前 1～20 d 雨日数的权重系数，分别取 0.41、0.36、−0.01、0.25、0.29、0.31；X_i 为第 i 个气候品质指标的归一化指数，$X_1 \sim X_6$ 分别为小龙虾捕捞前 1～35 d 阴天数、捕捞前 1～30 d 平均气温、捕捞前 1～35 d 平均气温、捕捞前 1～20 d 气温日较差、捕捞前 1～20 d 阴天数和捕捞前 1～20 d 雨日数的归一化指数。

7.2.4 评价结论

7.2.4.1 评价区域小龙虾品质形成关键期气候特征分析

10 月 1—8 日捕捞前 1～20 d 阴天数为 2～4 d，捕捞前 1～35 d 阴天数为 6～7 d，适宜小龙虾生长发育及其缬氨酸和回复性品质的形成(图 7.3)。

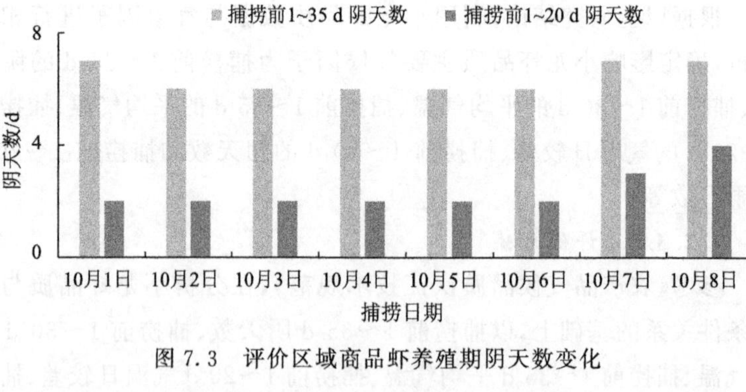

图 7.3 评价区域商品虾养殖期阴天数变化

10 月 1—8 日捕捞前 1～30 d 平均气温为 26.5～27 ℃，稍高于小龙虾适宜生长温度，不利于小龙虾所含赖氨酸的形成。捕捞前

1～35 d 平均气温为 26.6～27.2 ℃，略低于小龙虾适宜生长温度，影响小龙虾弹性品质的形成(图 7.4)。

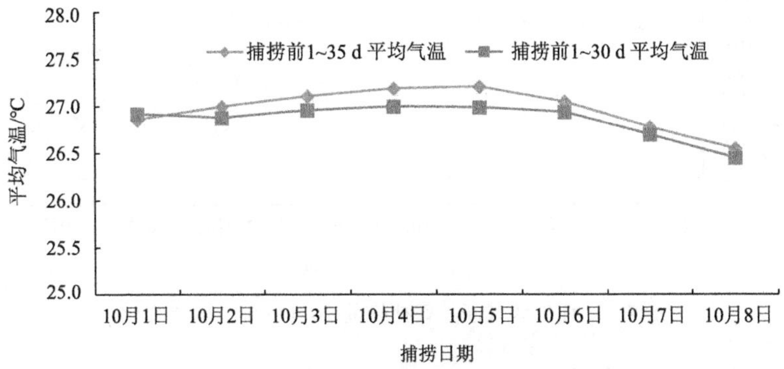

图 7.4　评价区域商品虾养殖期平均气温变化

10 月 1—8 日捕捞前 1～20 d 雨日数为 2 d，较有利于小龙虾黏性品质的提升(图 7.5)。

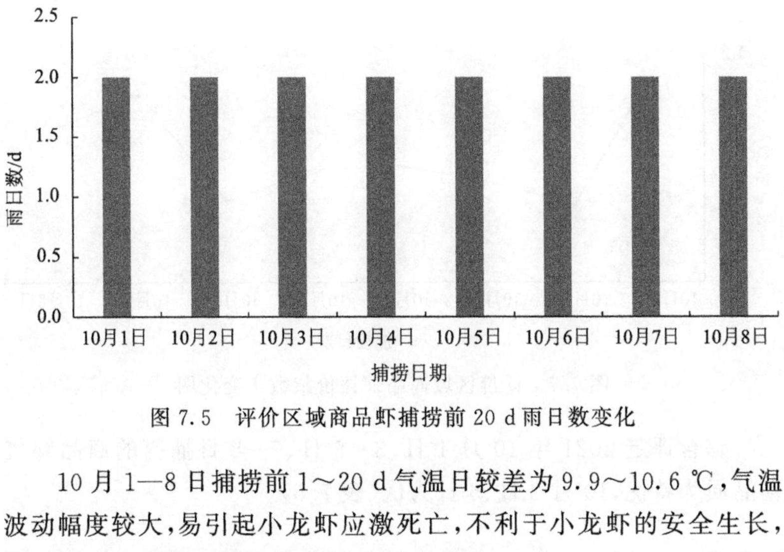

图 7.5　评价区域商品虾捕捞前 20 d 雨日数变化

10 月 1—8 日捕捞前 1～20 d 气温日较差为 9.9～10.6 ℃，气温波动幅度较大，易引起小龙虾应激死亡，不利于小龙虾的安全生长，也不利于小龙虾咀嚼性等品质的形成(图 7.6)。

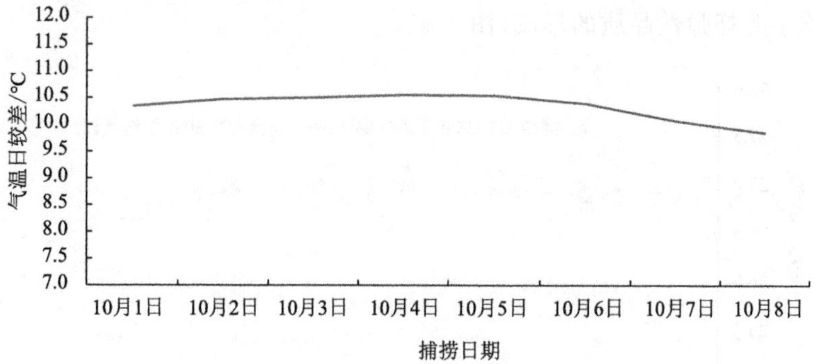

图 7.6 评价区域商品虾捕捞前 20 d 气温日较差变化

7.2.4.2 评价结论

根据评价区域商品虾养殖期气候特征值及其品质性状气候判别模型,计算各品质性状的等级,其中小龙虾气候综合品质评价指数 I 与时间关系如图 7.7 所示。

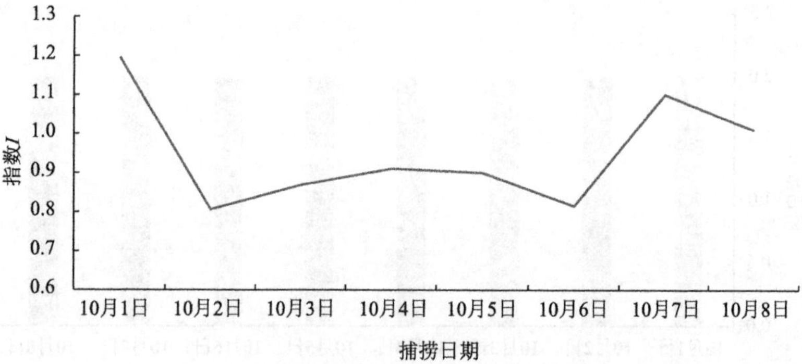

图 7.7 评价区域商品虾评价指数 I 变化图

综合评定 2021 年 10 月 1 日、3—5 日、7—8 日捕捞的商品虾气候品质为特优,10 月 2 日、6 日为优(表 7.5)。

表 7.5　小龙虾气候品质划分等级

等级	捕捞前 1～35 d 的阴天数/d	捕捞前 1～30 d 的平均气温/℃	捕捞前 1～35 d 的平均气温/℃	捕捞前 1～20 d 的气温日较差/℃	捕捞前 1～20 d 的阴天数/d	捕捞前 1～20 d 的雨日数/d	气候综合品质评价指数（I_j）
特优	18～28	14.0～22.4	26.7～31.7	2.4～4.0	9～20	10～18	0.83～1.48
优	14～18	22.4～25.2	25.1～26.7	4.0～4.3	7～9	7～10	0.67～0.83
良	12～14	25.2～27.3	21.7～25.1	4.3～4.8	5～7	5～7	0.52～0.67
一般	＜12	≥27.3	＜21.7	≥4.8	＜5	＜5	＜0.52

第 8 章　小龙虾产业气象指数

2023 年，潜江市委、市政府根据虾稻产业的发展需要，对标达标找不足，坚持标准创新补链强链。潜江龙虾产业发展促进会主导研制 8 项小龙虾团体标准，《小龙虾捕捞、物流、线下消费气象指数等级》为其中之一，对于提高湖北乃至全国在小龙虾养殖、加工、品控、冷藏、销售全产业链上的质量和效益起到积极作用。本章介绍《小龙虾捕捞、物流、线下消费气象指数等级》编制研究过程。

8.1　小龙虾产业气象指数编制说明

"十四五"期间，围绕全面实施乡村振兴战略，加快农业农村现代化建设和产业转型升级，推进水产业绿色高质量发展，助力乡村振兴，小龙虾成为了水产业重点发展产业。湖北省作为小龙虾养殖第一大省，凭借产量、价格、质量的优势，培育了一大批区域乃至全国知名的品牌。湖北潜江出台《打造"潜江龙虾""潜江虾稻"区域公用品牌三年行动计划》，为品牌建设做好规划蓝图和行动指南。

8.1.1　政策依据

根据《潜江市人民政府关于推进潜江虾-稻全产业链标准体系建设的实施意见》(潜政发〔2020〕13 号)工作部署，按照产业急需、基础优先、急用先行、分类指导、科学实施、统筹推进的原则，潜江市成立工作领导小组，组建专班集中办公，市场监管部门、农业农村部门、气象部门、商务部门、交通运输部门、文化和旅游部门等各司其职，形成合力，谋划出台积极推进虾-稻产业链服务标准化。

8.1.2 研究背景

潜江市贯彻中央、省、市农村工作会议精神和湖北省委省政府“产业强省”战略部署，牢固树立大抓产业、抓大产业的发展理念，全力以赴补链延链强链，高起点、高标准、高水平打造小龙虾优势特色全产业链，成功创建国家现代农业科技示范园、国家农村产业融合发展示范园、国家农业现代化示范区，先后获评中国小龙虾之乡、中国虾稻之乡、中国小龙虾加工出口第一市、中国小龙虾美食之乡，成就了“世界小龙虾看中国，中国小龙虾看湖北，湖北小龙虾看潜江”的美誉。至 2022 年底，潜江市现已构建全国最大的小龙虾养殖基地，小龙虾养殖面积达 90 万亩，小龙虾全产业综合产值突破 660 亿元，小龙虾产业成为潜江市现代农业发展的特色品牌和突出亮点。

2012 年以来，潜江市气象局开展了小龙虾的监测、预报与灾害预警、科研、示范和推广，建有 1000 亩小龙虾气象生态研究养殖试验基地，安装有自动气象站、水温、水质等相关监测仪器，有兼职气象信息员，开展了作物与小龙虾部分生育观测、记载；组建有小龙虾养殖与气象服务专业技术人才团队，开展了小龙虾适宜和不利气象条件研究。在核心期刊上发表了多篇有关小龙虾气象服务保障方面的科技论文，出版了《三农气象服务》《克氏螯虾（小龙虾）养殖气象适用技术》系列专著，被誉为小龙虾的气象“保护伞”。潜江市气象局为小龙虾养殖户、物流运输公司和餐饮业等小龙虾产业提供气象服务，逐步摸索出与小龙虾产业各环节相适应的气象服务产品。

小龙虾作为大众喜爱的水产品，其整个生命周期中的养殖、捕捞、消费等环节均受天气现象、气温、湿度、风速等气象因素影响，我国多省市气象部门已开展了多年小龙虾气象服务，但目前未见小龙虾气象指数相关报道。为了进一步提高小龙虾气象服务产品质量，将气象新技术融入小龙虾产业，规定小龙虾产业气象服务等级、天气条件、适宜度等，划分小龙虾捕捞、物流、线下消费气象指数等级，便于更好地开展气象服务。

8.1.3 必要性、可行性分析

(1)必要性的主要体现。

近年来,小龙虾产业在湖北省迅速发展。根据《2022年中国小龙虾产业发展报告》,2021年湖北省小龙虾产量位居全国第一。2021年小龙虾全国产值4000多亿元,小龙虾产业已成为经济发展的重要支柱和农民收入新的增长点。天气与气候的变化对小龙虾的整个生命周期、捕捞、物流和消费都有着重要影响,做好水产行业小龙虾产业气象服务,提供水产行业科学防灾减灾的技术支撑非常必要。气象部门开展水产行业小龙虾产业气象服务多年,通过与行业用户接触,了解一些用户需求,但由于跨行业间的诸多问题,水产行业气象服务始终不尽人意。制定小龙虾捕捞、物流和消费气象指数,可以使以小龙虾为代表的水产气象服务更具系统性、科学性和完整性、针对性。

(2)可行性的主要体现。

项目牵头单位潜江市气象局对以小龙虾为研究主体的农业气象研究课题较多,成果丰富。多年开展"三农气象服务专项"建设,积累了可靠的气象服务资源和经验,建有虾稻共作试验田,有成熟的与小龙虾物流、销售部门联合会商、联合调查机制。项目合作单位制定过多个地方标准,有足够的技术力量。课题组成员中有多位正高级、副高级工程师,能够确保项目顺利开展,确保全面完成成果总结与验收。为了做好水产行业气象服务,在湖北省气象局有关部门的指导下,制定小龙虾捕捞、物流和消费等各种气象指数,提供更具专业性的气象服务,有助于实现气象、水产行业双赢。

8.1.4 主要内容

规定小龙虾产业包括捕捞、物流、消费气象服务指数等级、天气条件、适宜度。根据天气状况及气象要素对小龙虾产业不同环节的影响，制定了各指数的等级划分标准，为小龙虾气象服务提供技术支撑。

根据走访、调研、问卷调查以及多年的小龙虾气象服务经验，确定以下性能指标：

①不同的风力等级对小龙虾捕捞、物流、消费的影响分级；

②不同的降水强度对小龙虾捕捞、物流、消费的影响分级；

③不同的能见度等级对小龙虾捕捞、物流、消费的影响分级；

④不同的气温等级对小龙虾捕捞、物流、消费的影响分级；

⑤不同的天气状况对小龙虾捕捞、物流、消费的影响分级。

8.1.5 标准的符合性

湖北省目前尚无针对“小龙虾捕捞、物流、线下消费气象指数等级划分”的标准实施方案，也尚未申报专利。本项目由潜江市气象局提出，由潜江龙虾产业发展促进会归口，湖北省气象服务中心、武汉区域气候中心、中国气象局气象干部培训学院湖北分院、湖北省公众气象服务中心、湖北省标准化与质量研究院协作提供技术支持，提出制定“小龙虾捕捞、物流、线下消费气象指数等级划分”团体标准。

积极响应湖北省印发的《湖北省农产品品牌三年培育方案》等政策，提升小龙虾产业链气象服务水平。“小龙虾捕捞、物流、线下消费气象指数等级划分”标准适用于潜江市小龙虾产业气象服务，可在湖北省内其他地区进行实施推广。

以团体标准的实施与推广，打造成全国小龙虾第一、二、三产业融合发展示范区(县、市)，深挖现有小龙虾第三产业市场潜力，以市场为导向，加强潜江小龙虾品牌的公信力和影响力；完善小龙虾产业链标准化体系建设，扩大潜江小龙虾产业的话语权；筹划整合虾-稻产业上下游资源，送出“潜江龙虾”牌请柬。

8.1.6 标准的协调性

本标准编写过程中，参考相关国家标准、行业标准，包括《短期天气预报》（GB/T 21984—2017）、《天气预报基本术语》（GB/T 35663—2017）等，保证与相关标准的协调性。

8.1.7 技术路线与主要技术指标

8.1.7.1 技术路线

主要以潜江龙虾产业发展促进会为主按照统一标准化的分工原则，负责标准实施、监督检查与持续改进工作，通过标准的实施与推广，积极探索相关标准化提升工作，贯彻国家有关标准化工作的法律、法规、方针、政策、规章和强制性标准；建立和实施小龙虾养殖标准体系，积极承担或参与国家、行业和地方委托的有关标准的制定和审定工作，参加各类标准化活动。

8.1.7.2 主要技术指标

(1)范围

本文件规定了小龙虾捕捞、物流、线下消费气象指数等级划分。

(2)主要技术内容

规定小龙虾产业包括捕捞、物流、线下消费气象服务指数等级、天气条件、适宜度。

8.2 小龙虾产业气象指数调查问卷

根据天气状况及气象要素对小龙虾产业不同环节的影响，设计影响小龙虾产业包括捕捞、物流、线下消费的高影响气象因子调查问卷，制定小龙虾产业包括捕捞、物流、线下消费各指数的气象等级划分标准，规定指数等级、天气条件、适宜度，从而为小龙虾气象服务提供技术支撑。本节介绍调查问卷记录表样式。

8.2.1 小龙虾捕捞气象服务需求调查记录表样式(表 8.1)

表 8.1 小龙虾捕捞气象服务需求调查记录表

<table>
<tr><td rowspan="3">基本信息</td><td colspan="2">公司名称：</td><td>养殖规模： 亩</td></tr>
<tr><td colspan="2">行政位置： 市 县(市 镇 村)</td><td>养殖方式：□A 池塘养殖 □B 稻田养殖</td></tr>
<tr><td>联系人：</td><td>联系电话：</td><td>养殖时间： 年</td></tr>
<tr><td rowspan="2">调查内容</td><td colspan="2">影响小龙虾捕捞的气象因素(按重要性在□标注 1、2、3……)</td><td>□低压闷热 □雷暴 □暴雨 □中到大雨 □小雨 □低温 □高温 □大风 □大雾 □其他</td></tr>
<tr><td colspan="2">捕捞小龙虾气温：最适宜(在□标注 5)，较适宜(在□标注 4)，基本适宜(在□标注 3)，不太适宜(在□标注 2)，最不适宜(在□标注 1)</td><td>□24 ℃<最高气温≤32 ℃
□16 ℃<最高气温≤24 ℃
□最高气温>32 ℃或≤16 ℃
□最高气温>35 ℃或≤12 ℃
□最高气温>37 ℃或≤10 ℃</td></tr>
<tr><td rowspan="2">调查内容</td><td colspan="2">捕捞小龙虾风力：最适宜(在□标注 5)，较适宜(在□标注 4)，基本适宜(在□标注 3)，不太适宜(在□标注 2)，最不适宜(在□标注 1)</td><td>□风力 1～2 级 □风力 3～4 级
□风力 5～6 级 □风力 7～8 级
□风力 8 级以上</td></tr>
<tr><td colspan="2">捕捞小龙虾降水：最适宜(在□标注 5)，较适宜(在□标注 4)，基本适宜(在□标注 3)，不太适宜(在□标注 2)，最不适宜(在□标注 1)</td><td>□无雨 □无雨或零星小雨
□小雨 □中到大雨或有闪电
□暴雨或强雷暴</td></tr>
</table>

8.2.2 小龙虾物流气象服务需求调查记录表样式(表 8.2)

表 8.2 小龙虾物流气象服务需求调查记录表

<table>
<tr><td rowspan="2">基本信息</td><td>公司名称：</td><td>联系人：</td><td>联系电话：</td></tr>
<tr><td>行政位置： 市 县(市 镇 村)</td><td colspan="2">物流规模： 辆车</td></tr>
<tr><td>调查内容</td><td>影响小龙虾物流的气象因素(按重要性在□标注 1、2、3……)</td><td colspan="2">□低压闷热 □雷暴 □暴雨 □中到大雨 □小雨 □低温 □高温 □大风 □大雾 □其他</td></tr>
</table>

续表

调查内容	运输小龙虾气温：最适宜（在□标注 5），较适宜（在□标注 4），基本适宜（在□标注 3），不太适宜（在□标注 2），最不适宜（在□标注 1）	□10 ℃＜最高气温≤24 ℃ □23 ℃＜最高气温≤32 ℃ □32 ℃＜最高气温≤37 ℃ □最高气温≥37 ℃或≤10 ℃ □最高气温≥40 ℃或≤0 ℃
	运输小龙虾风力：最适宜（在□标注 5），较适宜（在□标注 4），基本适宜（在□标注 3），不太适宜（在□标注 2），最不适宜（在□标注 1）	□风力 1～2 级 □风力 3～4 级 □风力 5～6 级 □风力 7～8 级 □风力 8 级以上
	运输小龙虾降水：最适宜（在□标注 5），较适宜（在□标注 4），基本适宜（在□标注 3），不太适宜（在□标注 2），最不适宜（在□标注 1）	□无雨 □无雨或零星小雨 □小雨 □中到大雨或有闪电 □暴雨或强雷暴
	运输小龙虾能见度：最适宜（在□标注 5），较适宜（在□标注 4），基本适宜（在□标注 3），不太适宜（在□标注 2），最不适宜（在□标注 1）	□能见度≥1000 m □500 m≤能见度≤1000 m □100 m≤能见度≤500 m □50m≤能见度≤100m □能见度≤50 m

8.2.3 小龙虾线下消费气象服务需求调查记录表样式（表 8.3）

表 8.3 小龙虾线下消费气象服务需求调查记录表

基本信息	姓名：	联系电话：	行政位置： 市 县(市 镇 村)
	年龄：□11～20 岁 □21～30 岁 □31～40 岁 □41～50 岁 □51～60 岁 □60 岁以上		
调查内容	影响小龙虾消费的气象因素（按重要性在□标注 1、2、3……）	□气温 □降水 □风力 □能见度 □其他	
	消费小龙虾气温：最适宜（在□标注 5），较适宜（在□标注 4），基本适宜（在□标注 3），不太适宜（在□标注 2），最不适宜（在□标注 1）	□最高气温≥28 ℃ □20 ℃≤最高气温＜28 ℃ □10 ℃≤最高气温＜20 ℃ □最高气温＜10 ℃	

续表

调查内容	消费小龙虾风力：最适宜（在□标注 5），较适宜（在□标注 4），基本适宜（在□标注 3），不太适宜（在□标注 2），最不适宜（在□标注 1）	□风力 1～2 级　□风力 3～4 级 □风力 5～6 级　□风力 7～8 级 □风力 8 级以上
	消费小龙虾降水：最适宜（在□标注 5），较适宜（在□标注 4），基本适宜（在□标注 3），不太适宜（在□标注 2），最不适宜（在□标注 1）	□无雨 □无雨或零星小雨 □小雨 □中到大雨或有闪电 □暴雨或强雷暴

8.3　小龙虾产业气象指数等级划分

根据气象因子对小龙虾捕捞、物流、线下消费的影响，气象指数应划分为非常适宜、适宜、基本适宜、较不适宜、不适宜五个等级。气象因子包括降水等级、最高气温、最低气温、风力、能见度、雷暴。

8.3.1　捕捞气象指数等级

气象因子对小龙虾捕捞影响的气象指数等级见表 8.4。

表 8.4　小龙虾捕捞气象指数等级

气象因子	捕捞气象指数等级
无雨 15 ℃≤日最高气温<35 ℃ 风力≤4 级[a] 能见度≥1000 m	非常适宜
小雨[b] 15 ℃≤日最高气温<35 ℃ 风力≤4 级 能见度≥1000 m	适宜

续表

气象因子	捕捞气象指数等级
中雨、小雨 15 ℃≤日最高气温<35 ℃ 200 m≤能见度<1000 m	基本适宜[c]
35 ℃≤日最高气温<37 ℃ 5 ℃≤日最低气温<15 ℃ 大雨 风力 5 级 50 m≤能见度<200 m	较不适宜[c]
日最高气温≥37 ℃ 日最低气温<5 ℃ 暴雨及以上 雷暴 风力≥6 级 能见度<50 m	不适宜[c]

注：a. 风力等级划分见附录 A。
b. 降雨等级划分见附录 B。
c. 气象因子任意一项符合即可。

8.3.2 物流气象指数等级

气象因子对小龙虾物流影响的气象指数等级见表 8.5。

表 8.5 小龙虾物流气象指数等级

气象因子	物流气象指数等级
无雨 日最高气温<35 ℃ 风力<4 级[a] 能见度≥1000 m	非常适宜
小雨[b] 日最高气温<35 ℃ 风力<4 级 能见度≥1000 m	适宜

续表

气象因子	物流气象指数等级
中雨 35 ℃≤日最高气温<37 ℃ 风力 4～5 级 200 m≤能见度<1000 m	基本适宜[c]
大雨 37 ℃≤日最高气温<40 ℃ 风力 6 级 50 m≤能见度<200 m	较不适宜[c]
日最高气温≥40 ℃ 暴雨及以上 雷暴 风力≥7 级 能见度<50 m	不适宜[c]

注：a. 风力等级划分见附录 A。
b. 降雨等级划分见附录 B。
c. 气象因子任意一项符合即可。

8.3.3 线下消费气象指数等级

气象因子对小龙虾线下消费影响的气象指数等级见表 8.6。

表 8.6 小龙虾线下消费气象指数等级

气象因子	线下消费气象指数等级
无雨 日最高气温≥28 ℃	非常适宜
无雨、小雨[a] 22 ℃≤日最高气温<28 ℃	适宜
中雨 16 ℃≤日最高气温<22 ℃	基本适宜[c]

续表

气象因子	线下消费气象指数等级
大雨 10 ℃≤日最高气温<16 ℃ 风力 6～7 级[b]	较不适宜[c]
暴雨及以上 雷暴 日最高气温<10 ℃ 风力≥8 级	不适宜[c]

注：a. 降雨等级划分见附录 B。

b. 风力等级划分见附表 A。

c. 气象因子任意一项符合即可。

第 9 章　小龙虾农业气象指标

本章从小龙虾养殖气候风险、小龙虾病害防治措施、小龙虾气象服务月历三个方面详细分析各类灾害性天气会对小龙虾养殖可能造成的危害，提出相应的防御措施，为小龙虾养殖趋利避害、科学养殖提供参考依据，可为小龙虾产业链管理工作者、技术人员、养殖户和气象服务人员提供指导和参考。

9.1　小龙虾养殖气候风险

本节从渍涝、干旱、春季连阴雨低温、秋寒、冻凌（雨凇）、冰雹、龙卷、雷暴、高温热害等方面，详细介绍各类灾害性天气对小龙虾养殖可能造成的危害。气象资料采用潜江市气象资料。

9.1.1　渍涝

春（3—5 月）、夏（4—6 月）、秋（7—9 月）三季，以任意一旬降水量的正距平百分率达 200％以上，或者连续三旬为正距平百分率且有两旬正距平达 80％以上，定为渍涝；冬季（12 月至翌年 2 月）以旬降水量距平百分率达 300％以上，定为渍涝。渍涝平均在 10 年中：春季 3.2 次，夏季 3.2 次，秋季 3.2 次，冬季 1.8 次。这种渍涝中严重的会引起破塘。

9.1.2　干旱

各季均按连续三旬降水量负距平百分率达 60％以上，或者连续两旬负距平百分率达 90%以上,定为干旱。干旱平均在 10 年中:春旱 0.5 次,夏旱 6.4 次,秋旱 6.8 次,冬旱 5.0 次。这种干旱可能引起养殖塘田沟缺水。

9.1.3 春季连阴雨低温

春季连阴雨常导致低温,一般在 5 d 连阴雨过程中,往往 4 月中旬 5 d 日平均气温低于 12 ℃,4 月下旬 5 d 低于 15 ℃,5 月 5 d 低于 18 ℃。这种低温阴雨天气对小龙虾较为不利。

9.1.4 秋寒

若日平均气温连续 3 d 低于 20 ℃,有时在 18 ℃以下,会使小龙虾摄食减少,影响增重。一般秋寒平均出现在 9 月 23 日左右。

9.1.5 冻凌(雨凇)

冻凌,气象上名谓"雨凇",是天空下的一种温度在 0 ℃以下而未冻结的过冷却雨滴,当其接触冷地面或冷地物后,即刻冻结成冰凌。其破坏性较大,不利于小龙虾安全越冬。如 2008 年 1—2 月出现的长期大范围低温雨雪冰冻天气对水产养殖危害相当严重。

9.1.6 冰雹、龙卷

春末夏初地面增热较快,当有冷空气南下时,本地暖空气产生强烈的上升运动,形成强对流云(积雨云),有时易发生冰雹;夏季在较大水面的傍水地方,当局部陆地受热显著时,使气温、气压梯度相差明显,因热力对流加剧,有可能产生龙卷。上述两种灾害会对小龙虾造成毁灭性的损失。局部冰雹平均 10 年 5 遇;局部龙卷 10 年 1~2 遇。

9.1.7 雷暴

本地雷暴日数平均每年 40 d 左右。其季节分布是夏季最多,春秋季次之,冬季最少。由于雷暴是一种危及人类安全且破坏严重的自然灾害,养殖集中区应安装避雷设施,在雷电发生前,不仅应预防小龙虾外逃,养殖人员还应谨防雷击,确保自身安全。

9.1.8 高温热害

若日平均气温连续3 d或以上≥30 ℃,最高气温≥35 ℃,会抑制小龙虾摄食、生长,引起其钻洞“避暑”。据统计分析,盛夏7—8月出现最高气温连续3 d或以上≥35 ℃热害的年份,频率最高的时段在7月21日至8月10日,有的年份会出现“立秋后还有二十四个秋老虎”的干旱高温天气,应加强防范。

9.2 小龙虾病害防治措施

近两年,黄鳝、甲鱼、河蟹等名优水产品价格呈下滑趋势,常规品种虽然产量不减,但效益下滑明显,而小龙虾养殖产量和效益同步提升,小龙虾产业仍显示出强劲的发展势头。养殖规模不断扩大,养殖密度越来越高,强化养殖导致的病害越来越严重,特别是小龙虾病毒病有频发的趋势,一旦蔓延,不但会给小龙虾的养殖造成巨大损失,给小龙虾产业的打击也将是致命的。要使小龙虾产业健康发展,养殖生产过程中病害防治是关键。养殖者应从以下几个方面搞好病害防治(王淑娟 等,2015)。

9.2.1 放养健康优质的种苗

种苗是小龙虾养殖的基础,是发展健康养殖的关键环节,选择健康、优质的种苗可以从源头切断病原的传播。

9.2.2 控制放养密度

放养密度过大,虾体互相刺伤,病原更易入侵;此外,高密度养殖产生的大量排泄物、残饵、浮游生物的尸体等不能及时分解和转化,会产生非离子氨、硫化氢等有毒物质，使溶解氧不足，虾体体质下降，抗病能力减弱。

9.2.3 改善生态环境、加强水质管理

①要搞好水草的管理，保证水中有充足的水草供小龙虾栖息和摄食。②要勤换水，使水体中的物质始终处于良性循环状态。特别是高温季节，水体蒸发快，会使水位降低，水体温差过大，小龙虾易发生应激反应引起死亡，所以要及时补水，调节水位，夏季稻田水位控制在 40 cm 以上，池塘水位在 1 m 以上。③定期泼洒生石灰，调节池塘水生态环境。④定期使用生物制剂，如光合细菌、芽孢杆菌等调节水质。

9.2.4 搞好饵料的投喂

高温季节投喂量大，除了保证好饲料质量外，一定要控制好投喂量，若投得过多，不但会造成饲料的浪费，还会破坏水质。所以一定要勤巡塘、勤观察，根据虾的吃食情况调整投喂量。

9.2.5 定期预防

(1)每 15～20 d，将生石灰按 10～30 g/m^3 水体，化水全池泼洒，或泼洒碘制剂如聚维酮碘、季铵盐络合碘等(用量按包装说明)。

(2)在饲料中适量添加多糖类如壳聚糖、寡聚糖等，以增强小龙虾的免疫力。

(3)用中草药防治。每吨饲料中拌 12.5 kg 中草药(如三黄粉、鱼腥草、板蓝根等)进行投喂，7～10 d 为一个疗程。

9.2.6 积极治疗

对发病严重的小龙虾，应采取有效措施及时治疗。①用聚维酮碘(按包装上的说明使用)连续泼洒。②用中草药拌饲料连续进行投

喂。③对发病的池塘要采取严格的隔离措施，对病死虾进行无害化处理。

9.3 小龙虾气象服务月历

小龙虾逐月对气象条件的要求、气象指标、主要气象灾害以及应对措施、养殖建议、气象服务事项等介绍如下。

9.3.1 1月

主要农业气象灾害有干旱、大风、低温冻害和雪灾。

小龙虾处于越冬蛰伏期：停止生长、冬眠。

9.3.1.1 小龙虾气象指标

(1)低温雨雪冰冻天气对小龙虾危害严重，易遭冻死。

(2)在冬季，连续三旬降水量负距平百分率达 60%以上，或者连续两旬负距平百分率达 90%以上则干旱，10 年 4～5 遇，会引起小龙虾池缺水。

(3)亲虾越冬期间要保障水温在 16～18 ℃，此为整个繁殖工作的重要环节。

(4)亲虾越冬生存水温最低为 5 ℃。但当水温低于 9 ℃时，身长 3 cm 左右的虾在越冬期间死亡率很高；成虾虽能生存，但 2～3 个月后也会出现大量死亡。

9.3.1.2 小龙虾气象建议

(1)冬季每 3～5 d 可投喂 1 次，于日落前后进行，投喂量为虾体重的 1%～2%。

(2)遇水面结冰，可击破冰层见洞，防止因封闭缺氧引起不测。

(3)注意整修龙虾池，防止人畜破坏周围环境。

(4)严寒期小龙虾池注意保持适当水层，并不要惊扰小龙虾，不可投饲料。

9.3.1.3 服务事项

(1)事先发布小龙虾越冬气候趋势分析和评价。

(2)加强对寒潮、大风、低温雨雪冰冻天气的监测与预警预报。

9.3.2 2月

该月仍属冬季,但温度降后回升。冷暖变化大是本月的一大特点,主要灾害有冰冻、雨凇、大风。

小龙虾继续处于越冬蛰伏期:停止生长、冬眠。

9.3.2.1 小龙虾气象指标

(1)低温雨雪冰冻天气,甚至可引起养殖水面结冰,对小龙虾危害严重,易遭冻死。

(2)在冬季,连续三旬降水量负距平百分率达60%以上,或者连续两旬负距平百分率达90%以上则为干旱,10年4～5遇,会引起小虾池缺水。

(3)亲虾越冬生存水温最低为5℃。水温过低时,虾会钻入洞穴越冬。

9.3.2.2 小龙虾气象建议

(1)冬季每3～5 d可投喂1次,于日落前后进行,投喂量为虾体重的1%～2%。

(2)遇水面结冰,可轻轻破冰,防止因封闭缺氧引起不测。

(3)注意整修龙虾池,防止人畜破坏周围环境。

(4)严寒期小龙虾池注意保持适当水层,并不要惊扰小龙虾,不可投饲料。

9.3.2.3 服务事项

(1)加强对寒潮、大风、低温雨雪冰冻天气的监测与预警预报。

(2)持续开展小龙虾越冬安全调研,发布小龙虾越冬状况气象情报。

9.3.3 3月

3月,春季开始,气温渐升,降水量明显增加。此时土壤解冻,万物复苏。但冷暖空气不时交绥出现阴雨,气温变幅大,尤会“乍暖还寒”。主要气象灾害是低温连阴雨、大风,部分年份还会有危害较重的“倒春寒”。

小龙虾越冬转“惊蛰”期:回暖有早迟,常有一些初始活动。

9.3.3.1 小龙虾气象指标

(1)日平均气温稳定通过10 ℃时间,在3月下旬为宜,无陡然增温天气时段,以免诱小龙虾过早出洞活动,因“物极必反”出现寒害伤亡。

(2)遇48 h内日平均气温下降10 ℃以上,或24 h内下降8 ℃以上且最低气温在4 ℃以下的寒潮(下同)大风天气,其降温与大风共同影响,对过早活动的小龙虾易引起伤害。

9.3.3.2 小龙虾气象建议

(1)发生春旱要适时春灌。虾稻共生场池要注意整修,存留虾种不足的,要及早联系虾苗补充。

(2)不可过早盲目投饵料,否则若诱虾出洞后再急剧降温,其后果不堪设想。

9.3.3.3 服务事项

(1)3月初结合春播期3—4月天气预报,发出虾事管理建议。

(2)3月中旬发出小龙虾越冬调研后的小龙虾气象情报与建议。

(3)实时发布与小龙虾相关的“倒春寒”、低温连阴雨、大风预警预报。

(4)开始发布小龙虾天气预报服务产品。

9.3.4 4月

小龙虾开始活动期,气温回升快,降水量明显增加,月平均气温16.6 ℃,降水量119.4 mm。日平均气温稳定通过12 ℃日期,平均为4月5日左右。但冷暖空气活动仍频繁，气温变幅大，个别年份受较强冷空气影响，出现晚霜，极端最低气温可降至0 ℃以下；有些年份气温又异常偏高，极端最高气温可达30 ℃以上。主要气象灾害有低温连阴雨、渍涝、干旱。

小龙虾处于开始活动期：陆续活动、摄食，随温度升高，亲虾性成熟开始交配。

9.3.4.1 小龙虾气象指标

(1)一般水温达20 ℃以上时，其亲虾开始交配。

(2)水温持续达20 ℃以上，受精卵在雌虾腹中40 ～70 d可孵出稚虾，并在母体保护下完成幼虾阶段的生长发育过程。

(3)日平均气温持续下降8 ℃，或者连续2 d高于25 ℃(水温超过30 ℃)，对孵化会产生不利影响。

9.3.4.2 小龙虾气象建议

(1)在小龙虾活动后，晴天池水不宜太深，以免影响温度升高，在急剧降温前应加深水层保温。但是，频繁升降水对初始活动的虾又不利，应科学运筹。

(2)在日平均气温达15 ℃以上后，根据小龙虾厌光、常在水体水草中栖息习性，应不断移植水草，改善其生存环境。

(3)应注意驱散蛇、鸟天敌等不速之客。

(4)从4月开始，逐步增加投饲量，确保小龙虾吃饱、吃好，以免农药对虾体造成危害。

9.3.4.3 服务事项

(1)根据回暖早迟的天气预报，试做小龙虾繁殖期预报。

(2)重点发布对小龙虾可能产生危害的“倒春寒”、低温连阴雨、干旱、冰雹、大风等气象灾害预警预报，提出对策建议。

(3)发出小龙虾开始活动生长发育的相关小龙虾气象情报。

(4)持续发布小龙虾天气预报服务产品。

9.3.5 5月

该月气温明显升高,降水量持续增加,月平均气温21.6 ℃,不时有大于35 ℃的高温天气发生,降水变率大,南海夏季风发生早的年份,中、下旬即可能有暴雨,甚者大暴雨,又或阴雨绵绵,对小龙虾生长发育不利。主要气象灾害有低温连阴雨、暴雨成涝、大风。

小龙虾进入积极生长期;抱卵虾进入孵化适宜期。

9.3.5.1 小龙虾气象指标

(1)小龙虾生长最适宜水温为25～30 ℃,当水温低于20 ℃或高于32 ℃时,生长率下降,水温15 ℃以下时幼体成活率极低。

(2)抱卵虾孵化的适宜水温为22～27 ℃,孵化时间6～10周。

(3)遇日平均气温30 ℃以上或极端最高气温35 ℃以上高温,反而不利于抱卵虾正常孵化,易出现畸形致死。

(4)高温闷热、微风、气压低,而后骤然降温,使水体中溶解氧降低,或池水底硫化氢、亚硝酸等有害气体逸出,易引起泛塘死虾。

(5)暴雨易导致池水漫溢,引起小龙虾逃逸。

9.3.5.2 小龙虾气象建议

(1)注意天气变化,针对不同气象灾害,提前采取相应防御措施。

(2)要因势利导利用有利天气,科学投饵,促进其健康成长。在正常天气条件下,逐步增加投饲量,确保小龙虾吃饱、吃好,但要避免农药对虾体的危害。

(3)继续移植水草,为小龙虾创造良好的生长环境,在易泛塘的天气条件下,应节食喂养。

9.3.5.3 服务事项

(1)在5—9月汛期天气趋势预报中,应标明可能产生的洪涝灾害与干旱大致时段,以利于有备无患。

(2)做好日常虾事天气预报,注意发布暴雨、大风、泛塘预警预报。

(3)适时开展调研、监测,发送小龙虾气象情报与分析。

(4)持续发布小龙虾天气预报服务产品。

9.3.6 6月

6月已进入主汛期，一般中旬后期入梅，若梅雨早来，持续时间长，易发生涝梅，气温会持续偏低；若空梅或出梅早，梅雨期短，梅雨量极少，会出现旱梅，气温会明显偏高。主要气象灾害有暴雨洪涝、低温连阴雨、高温热害、大风、冰雹等，偶有干旱。

小龙虾生育期：成虾与虾苗共生期，也是生长旺盛期。

9.3.6.1 小龙虾气象指标

(1)6月20日以前稳定通过23 ℃，6月下旬日平均气温24～28 ℃，最高气温34 ℃以下，有利于小龙虾积极生长发育。

(2)6月下旬出现日均温连续3 d低于20 ℃，最低温小于17 ℃，不利于稚虾生长发育。

(3)暴雨易引起小龙虾池水漫溢，使小龙虾逃逸。

(4)高温闷热、微风、气压低，而后骤然降温，使水体中溶解氧降低，或池水底硫化氢、亚硝酸等有害气体逸出，易引起泛塘死虾。

9.3.6.2 小龙虾气象建议

(1)以防洪涝为主线，谨防漫池小龙虾逃逸；防泛塘，注意科学投喂饵料。

(2)平时投足饵料，防因饵料不足，小龙虾因争食出现强食弱肉现象，尤其对刚蜕壳的小龙虾。

(3)逐步增加投饲量，确保小龙虾吃饱、吃好，避免农药对虾体造成危害。

(4)在中稻有效分蘖终止期，应放水晒田。

(5)6月底开始每周换水1/5～1/4，以调节水质。

9.3.6.3 服务事项

(1)发布梅雨期天气预报，对小龙虾提出相关措施建议。

(2)随时监测暴雨洪涝、高温干旱、大风、冰雹等灾害性天气，及早发布预报预警。

(3)开展小龙虾生长发育调查,随时发出小龙虾气象情报、分析报告。

(4)持续发布小龙虾天气预报服务产品。

9.3.7 7月

7月进入盛夏最热月份。一般在7月上旬末到中旬初出梅,降水量年际变化大,是旱涝的多发月份。小龙虾主要气象灾害有洪涝、伏旱、高温热害、大风等。

小龙虾生育期:积极生长发育期,也是伏旱、高温、洪涝多发期。

9.3.7.1 小龙虾气象指标

(1)气温22～26 ℃,最高气温34 ℃以下,无7 d以上的连阴雨或中等强度的暴雨洪涝,降水量分布均匀,是小龙虾积极生长发育的适宜条件。

(2)出现降水量达100 mm的大暴雨,会发生小龙虾水漫池逃逸现象。

(3)连续3 d以上晴朗达35～38 ℃的高温,不利于小龙虾活动,其往往躲藏洞穴避暑,使捕捞量锐减。

(4)高温闷热、微风、气压低,而后骤然降温,使水体中溶解氧降低,或池水底硫化氢、亚硝酸等有害气体逸出,易引起泛塘死虾。

9.3.7.2 小龙虾气象建议

(1)为使小龙虾安全越夏,在高温时段注意串换温度较低的地下水,但不可大放大灌,防温差过大,产生伤害。

(2)7月若集中捕捞,可先用地笼网、手抄网等工具捕捉,最后再干池捕捉;也可以采取常年捕捞,捕大留小。

(3)注意保持池中水草,并在池埂种植诸如灌木绿肥,既可遮阴,又可作稻肥。

(4)投喂一般以菜粕、麦麸、水陆草、瓜皮、蔬菜等植物性饲料为好。

(5)在水稻有效分蘖终止期,应放水晒田,排水宜缓,以利于小龙虾落沟。以水位降至露田面为度。内埂宜多开口子，便于虾落环沟。在放水的同时，可用地笼网捕虾，避免环沟中因密度过大造成死亡，晒田时间宜短，若小龙虾有异常反应即刻复水。

(6)每周换水 3～4 次，换水量为田水的 1/3 左右，以调节水质。

9.3.7.3 服务事项

(1)开展连续调研，发出小龙虾动态监测情报。

(2)开展暴雨、洪涝、大风、冰雹、伏旱、高温热害、凉夏等小龙虾灾害性天气预报预警。

(3)持续发布小龙虾天气预报服务产品。

9.3.8 8月

盛夏季节，主要气象灾害有伏旱、高温热害、局部强对流引起的强降水天气。

小龙虾生育期：属积极生长发育期，但有的年份持续高温，小龙虾因钻洞避暑休食，往往成为其积极生长的瓶颈。

9.3.8.1 小龙虾气象指标

(1)若多云不时有小到中雨以下的降水，气温在 26 ℃以上，无连续 3 d 以上 35～38 ℃高温，小龙虾可积极生长发育。

(2)凉夏：月平均气温低于 26 ℃，其中有连续 3 d 或以上日平均气温低于 22～23 ℃的时段，尤其是出现 24 h 日平均气温降幅达 3 ℃以上，最高气温降幅达 5 ℃以上的过程，导致小龙虾生理伤害，尤其是对抱卵虾孵化后的稚虾产生危害。

(3)7 月上旬和 8 月上旬两旬平均气温高于 30 ℃，最高气温连续 5 d 以上高于 35 ℃的伏旱天气，高温加之缺水，阻碍小龙虾积极持续生长发育，抱卵虾孵化甚至出现畸形稚虾而死亡。

(4)高温闷热、微风、气压低，而后骤然降温，使水体中溶解氧降低，或池水底硫化氢、亚硝酸等有害气体逸出，易引起泛塘死虾。

9.3.8.2 小龙虾气象建议

(1)在高温时段注意串换温度较低的地下水，但要涓涓细流，不可大放大灌，防止温差过大，对小龙虾产生伤害。

(2)尽力保护池中水草活力，使其能起到遮阴、净化水质、利于小龙虾"攀爬"生息作用。

(3)相当于一季晚的中稻抽穗遇连续3 d 35 ℃以上高温，可灌深水降温，防高温造成秄粒不实，提高结实率，也有利于小龙虾安全。

(4)对于因高温等原因引起的病害或生理病害死亡的小龙虾，要尽快从池中清除，以免腐臭污染水体环境。

(5)投喂一般以菜粕、麦麸、水陆草、瓜皮、蔬菜等植物性饲料为好。

(6)每周换水3～4次，换水量为田水的1/3左右，以调节水质。

(7)在此交配季节，一般交配后7～45 d即可产卵。要在8月底至10月中旬，直接从养殖的池塘或天然水域捕捞的成虾中挑选亲虾。要求颜色暗红或黑红色，有光泽，体表光滑无附着物；个体要大，雌虾个体重都要在40 g以上，雄虾个体大于雌虾个体；亲虾要求附肢齐全，无损伤，体格健壮，活动能力强。

9.3.8.3 服务事项

(1)编制监测小龙虾生长发育动态与气象条件关系的分析情报。

(2)及早发布伏旱、高温热害、急剧降温、暴雨洪涝、泛塘等灾害性天气预警预报。

(3)做好日常虾用天气预报。

9.3.9 9月

从夏到秋的过渡季节，降温较快，降水渐减少，晴天增多，气温日较差增大，有的年份9月上、中旬出现"秋老虎"，但个别年份则可能出现12 ℃以下的极端最低气温。稳定通过22 ℃的终日在9月中旬末至9月下旬初。主要农(渔)业气象灾害有连阴雨、秋寒(寒露风)、干旱。

小龙虾生育期仍处于积极生长发育期，但秋寒出现早的年份，会使其生长率下降。

9.3.9.1 小龙虾气象指标

(1)一般年份气温在22～28 ℃,无连续3 d日平均气温低于20 ℃的过程,较适应小龙虾生长发育。

(2)若日平均气温连续3 d低于20 ℃,有时在18 ℃以下,会使小龙虾摄食减少,影响增重。一般秋寒平均出现在9月23日左右,最早在9月上旬末。

(3)早秋寒:9月15日前日平均气温连续3 d低于20 ℃(或22 ℃)、最低气温小于16 ℃(或18 ℃),影响虾稻共生迟播的相当于一季晚的中稻籽粒灌浆,使秕粒率增加,千粒重下降。

(4)伏秋持续干旱年份,易引起虾池缺水。

(5)每5～10 d换水1次,每次换水1/4～1/3,保持虾沟水体透明度为25～30 cm。田间沟内,每15～20 d用生石灰水泼洒1次,每次每亩用量为5～10 kg,以调节水质。

9.3.9.2 小龙虾气象建议

(1)对夏季蓄留的温水应加以保存,并要保护水草用于净化,以尽量延长小龙虾积极生长期的环境。

(2)对于成虾或抱卵虾,都应加强投饵,以免因养殖代数“多代同堂”,又因为缺食而自相残食致减产。

(3)较晚一季中稻,出现秋寒时,可适当加深水层,保温促水稻继续灌浆充实。

(4)投喂一般以菜粕、麦麸、水陆草、瓜皮、蔬菜等植物性饲料为好。

(5)在此交配季节,一般交配后7～45 d即可产卵。要在8月底至10月中旬,直接从养殖的池塘或天然水域捕捞的成虾中挑选亲虾。要求颜色暗红或黑红色,有光泽,体表光滑无附着物;个体要大,雌虾个体重都要在40 g以上,雄虾个体大于雌虾个体;亲虾要求附肢齐全,无损伤,体格健壮,活动能力强。

9.3.9.3 服务事项

(1)及早将小龙虾连续监测的生育动态与气象生态条件加以分

析，发出相应的小龙虾气象情报。

(2)加强对秋寒的预报预警。

(3)做好小龙虾大批量上市的适应捕捞期预报。

9.3.10 10 月

秋季的主要时段，气温下降很快，常年月平均气温 17.6 ℃，降水量 79.7 mm。主要的气象灾害有连阴雨、干旱和个别年份早霜冻。

小龙虾生育期：生长发育由积极向缓慢转换，实施秋季捕捞。

9.3.10.1 小龙虾气象指标

(1)气温在 20 ℃以上，以晴到多云为主，无连阴雨，适宜小龙虾后期生长增重。

(2)若 8—10 月降水量连续偏少，伏秋连旱，引起虾池缺水，或华西秋雨东扩，出现较大降水，气温下降到 18～20 ℃以下，可使小龙虾活动减缓，摄食降低，影响增重。

(3)秋高气爽，有利于水稻收获；若华西秋雨东扩，超过 150 mm 月降水量的连阴雨，不利于共生稻收割。

9.3.10.2 小龙虾气象建议

(1)集中捕捞期，可先用地笼网、手抄网等工具捕捉，最后再干池捕捉，原则是捕大留小。要选择少云到多云好天捕捞，在阴雨低温条件下不利于留蓄再养小龙虾。

(2)气温较高年份，应科学喂养，力争在捕捞前增加虾体重量。可多投一些动物性饲料，日投喂量为虾体重的 6%～8%，早、晚各投喂 1 次，晚上投喂日饵量的 70%。

(3)抢晴收割相当于一季晚的中稻，注意晾晒入库；机收稻要注意在田小龙虾的安全转移。

(4)在此交配季节，一般交配后 7～45 d 即可产卵。10 月中旬或以前，直接从养殖的池塘或天然水域捕捞的成虾中挑选亲虾。要求颜色暗红或黑红色，有光泽，体表光滑无附着物；个体要大，雌虾个体重都要在 40 g 以上，雄虾个体大于雌虾个体；亲虾要求附肢齐全，无损伤,体格健壮,活动能力强。

9.3.10.3 服务事项

(1)对小龙虾连续监测的生育动态与气象生态条件加以分析,发出相应的龙虾气象情报。

(2)及早发出小龙虾秋季捕捞适宜期气象条件预报。

(3)继续开展小龙虾天气预报、情报。

9.3.11 11月

本月已入深秋,月平均降水量明显减少,气温下降幅度较大,个别年份强寒潮来得早、强度大,可造成低温、严寒、冰冻天气。主要的气象灾害有寒潮冻害、霜冻、干旱等。

小龙虾生育期:属于可生长后期,并逐渐进入越冬。

9.3.11.1 小龙虾气象指标

(1)如亲虾越冬,其生存水温最低值为 5 ℃。但当水温低于 9 ℃时,身长 3 cm 左右的小龙虾在越冬期间死亡率很高,成虾虽能生存,但 2~3 个月后也会出现大量死亡。

(2)遇早霜冻,若池水深度不够,会导致小龙虾死亡。

9.3.11.2 小龙虾气象建议

(1)越冬前适当多喂些动物饲料,增强体质,提高冬季成活率。

(2)要注意对越冬池加强检修,池水应保持 1.5 m 以上的深度,尽量使水温保持在 10 ℃以上。

(3)每天巡池 2 次,发现异常及时采取对策。越冬期间每 15 d 亩撒生石灰 20 kg,给水体消毒,补充钙质,预防疾病。

(4)前段可多投一些动物性饲料,日投喂量为虾体重的 6%~8%,早、晚各投喂 1 次,晚上投喂日饵量的 70%。

9.3.11.3 服务事项

(1)在下旬可视情况发一期小龙虾越冬气象条件分析与管理建议。

(2)加强冷空气、寒潮等灾害性天气预报预警。

9.3.12 12月

开始进入冬季，气温迅速下降，降水量减少，是强冷空气侵袭和寒潮多发月份，常发生大幅度降温，出现降雪严寒天气。主要气象灾害有寒潮冻害、雪灾、大风、干旱等。

小龙虾生育期：一般已进入越冬期。

9.3.12.1 小龙虾气象指标

(1)如亲虾越冬，其生存水温最低为 5 ℃。水温过低时，小龙虾会钻入洞穴越冬。

(2)遇早霜冻，若池水深度不够，会导致小虾死亡。

9.3.12.2 小龙虾气象建议

(1)每周巡池 1 次，发现异常及时采取对策。越冬期间每 15 d 亩撒生石灰 20 kg，给水体消毒，补充钙质，预防疾病。

(2)遇低温雨雪冰冻天气，要严防因池水结冰出现封冻现象，可适当敲碎积冰通气。

9.3.12.3 服务事项

(1)每 10 d 到监测、试验基地进行一次调查，提出相应的小龙虾越冬管理措施建议。

(2)做好暴雪、低温冰冻等灾害性天气预报预警。

(3)越冬期间，小龙虾不觅食，若天气晴暖，或会有小龙虾离开洞穴少量觅食，可以适时投喂小杂鱼虾、螺蚬蚌肉、动物内脏等动物性饵料，补充营养。

第 10 章　小龙虾气象服务展望

社会经济发展呈逐渐加快的趋势，创新和完善小龙虾产业链体系，实现小龙虾的可持续发展是当前小龙虾产业链相关人员所关注的话题，但小龙虾产业发展还不足够成熟和完善（梁玉刚 等，2023；张玲宏 等，2023；陈传龙 等，2021）。本章指出，小龙虾养殖业和全产业链发展存在一定的发展制约因素，分析小龙虾产业气象服务存在的不足之处，提出小龙虾养殖业和全产业链及小龙虾产业气象服务的发展前景，为产业健康可持续发展提供科学参考。

10.1　小龙虾养殖面临的困难与发展展望

小龙虾人工养殖已发展多年，目前发展面临一些困难，需开展养殖基础研究，制定养殖技术规范。适当调整种养模式，创新多种发展模式。提升企业加工能力，有效提升产业面临的产能过剩问题，提升产品附加值，促进产业融合发展。

10.1.1　发展小龙虾养殖面临的困难

10.1.1.1　近亲繁殖严重，优良品种缺乏

目前，小龙虾养殖中，无论是池塘养殖、稻田养殖，还是其他养殖模式，其苗种来源主要是自己繁殖的苗种，也就是上一年成虾养殖池中未能捕尽的残留成虾，在养殖池中自然繁殖形成的苗种。由于亲本没有经过筛选，又是捕捞残留个体，大多是个头小、生长速度慢的个体，甚至还有个别携带病原微生物。由这样的近亲繁殖产生的后

代,特别是经过多年近亲繁殖的后代,原有优良性状基本丧失,免疫力低下、生长速度缓慢。

10.1.1.2 不能彻底清塘,养殖病害多发

无论是池塘养殖还是虾稻养殖,多为养殖池兼繁育池连续使用,使清塘工作无法进行,为敌害生物的增殖和病原微生物的滋生创造了条件。小龙虾捕捞结束后,残留的小龙虾越冬、孵化、育苗,同一水体连续运转,清池、消毒就无法彻底进行,残留于池中的敌害生物,如多种野杂鱼类、软体动物、水生昆虫等就会大量繁殖,从而给小龙虾造成一定危害。一些病原微生物也会大量滋生,为小龙虾疾病的暴发创造了一定条件。

10.1.1.3 技术集成不够,标准化程度低

目前,小龙虾养殖技术仍集成不够,还没有统一的标准规范,一些地方在产业发展条件与地区发展能力不匹配的情况下,只是简单复制推广虾稻养殖模式,养殖效果不是特别理想,极易造成资源浪费。此外,个别经营主体稻田开挖沟凼面积过大,没有严格遵守以渔促稻的发展基本原则,各种模式在稳粮、生态、环保等方面的技术指标尚不明晰,不能切实保证虾稻养殖产业持续绿色健康发展。

10.1.2 小龙虾养殖产业发展展望

10.1.2.1 开展养殖基础研究,制定养殖技术规范

首先,建议制定小龙虾苗种生产标准,使小龙虾苗种生产标准化、规范化、程序化,确保良种质量。其次,开展小龙虾同步成熟技术、“五月瘟”病因与防控技术、虾稻田病虫害防控及农药使用技术等研究,因地制宜统一制定小龙虾养殖技术规范,对小龙虾规模化生产进行指导。只有标准化的良种、规范的养殖技术,才能确保小龙虾养殖产业可持续发展。

10.1.2.2 创新多种发展模式

强化品牌建设支撑。近年来,小龙虾市场变动较大,价格不稳定,应引导、支持部分有条件的虾稻种养户适当调整种养模式,转变

虾稻单一模式，向多元综合种养模式拓展，由传统虾稻养殖向虾稻鱼稻、虾鳖稻等现代立体复合养殖模式转变。通过政策扶持、奖补推进、市场开拓、示范带动等方式，培育和建设小龙虾养殖自有品牌。创建具有地方特色和较大影响力的稻渔知名品牌，切实将本地资源优势、历史文化优势转化为品牌优势，增强市场竞争力，把优质产品推广出去。

10.1.2.3 提升企业加工能力，促进产业融合发展

扶持小龙虾加工企业，提升产业竞争力，鼓励加工出口，延长产业链条，有效提升产业面临的产能过剩问题，提升产品附加值，让企业生产的产品可以占据附加值较高的中高端市场，从而降低市场风险。实施小龙虾养殖"文化＋""旅游＋"和"生态＋"升级行动，促进第一、二、三产业融合发展，形成辐射力量，带动区域性乡村振兴，切实提高渔民收入。

10.2 小龙虾产业发展的制约因素与对策

小龙虾产业链发展还面临一些困难，存在一定的发展制约因素。小龙虾产业优化发需明确发展方向，制定科学的规划，延伸产业链条，提高核心竞争力，避免同质化竞争和内卷，实现多元化发展。

10.2.1 小龙虾产业优化发展的制约因素

10.2.1.1 缺少科学规划，第一、二、三产业需进一步融合

我国是一个盛产小龙虾的国家，就当前的形势来看，小龙虾产业有着非常良好的发展前景。但是，当前的小龙虾产业要想能够长期稳健地发展下去，需要解决一些制约小龙虾产业发展的相关问题，如小龙虾产业的发展中没有一个完善合理的战略性规划，在提高小龙虾品牌价值和产量上还需进一步拓宽思路；虾苗的批量供应满足不了养殖的实际需求，目前的苗种体系比较老套，基础设施没有及时更

新，缺少优质的小龙虾苗；在小龙虾新品种的开发上还需加大力度，所研究出的科技成果不能马上在实际中应用，没有足够的小龙虾产业化科技支撑能力，这些问题都是限制小龙虾产业发展的关键性问题。目前国内外对于小龙虾质量要求越来越高，小龙虾的质量安全是小龙虾产业发展的重中之重。

10.2.1.2 加工技术还需提档升级，产业化水平需进一步提升

小龙虾除了味美可口，深受广大人民的喜爱之外，虾壳中也有非常丰富的甲壳素，在化妆品领域和医药领域被作为原材料广泛应用，所以可以说小龙虾的浑身都是宝。但是由于当前的技术水平有限，对于虾壳的利用率较低，大部分餐饮行业对于虾壳的处理方式都是直接丢弃，这样不但浪费了资源，对环境也会产生污染。目前在众多的水产企业当中，有很大一部分规模并不大，龙头企业不多，而且其中的设备、工艺以及专业技术需提档升级，在市场当中的核心竞争力不强。要想促进小龙虾产业的提升，整合目前产业当中的发展动力是非常有必要的，创新并完善小龙虾产业化体系，将资源充分地利用起来，带动全社会的经济发展。

10.2.2 小龙虾产业优化发展的建议

10.2.2.1 明确发展方向，制定科学规划

一是保护产业链生态，实现第一、二、三产业协调发展。由于一些养殖户片面追求养大虾而采取药物杀虾苗，使得加工企业原料虾短缺。为保障小龙虾养殖业健康可持续发展，禁止过度追求养大虾而采取药物手段灭杀虾苗、库虾而导致加工企业原料虾短缺，出台相关文件，通过推广虾稻共作标准模式、立体模式、复合模式，实现不同规格小龙虾均衡上市，保障加工企业、餐饮企业原料虾供应充足，形成小龙虾全产业链互促共赢的局面，持之以恒推进小龙虾第一、二、三产业高质量协调发展。利用当地在水资源上特有的优势，制定一个具有充分科学性与合理性的发展规划，结合实际情况，明确发展方向和发展模式，将产品的优势与产业的优势最大限度地发挥出来。

不断拓宽市场渠道，创新产业模式，做到具备完整的结构和灵活的经营机制。要抓住当前社会发展机遇，对小龙虾市场前景有一个充分的认识和把握，将小龙虾产业的发展作为乡村振兴的重要抓手，纵深推进第一、二、三产业融合发展。除此之外，还要充分发挥小龙虾管理部门的协调作用，积极探讨当前小龙虾产业发展的思路，建立更大规模的虾苗繁殖基地，缓解小龙虾苗种供应上的压力；拓展国际国内市场销售渠道，帮助小龙虾养殖户提高市场竞争力，提高小龙虾产业的经济效益。

10.2.2.2 创新技术，提高水平

小龙虾产业的发展应该充分结合当前市场中的要求和规律，使小龙虾产业链进一步延伸。创建小龙虾特有的品牌并且加大力度进行推广，提高在市场中的知名度；发展一批具有足够市场竞争力的龙头企业。做好相应的引导工作，需要当地政府给予相应的扶持，强化龙头企业的发展；可以和各大高校或相关科研机构合作，在虾壳和虾头上进行深加工，提高出口创汇能力。除此之外，不断完善和创新小龙虾的育苗技术；在建立规模虾苗繁育基地方面，积极和相关水产研究所展开合作，使虾苗的供应能够满足市场需求。此外，探索更先进的养殖技术和养殖模式，从而提高小龙虾的产量和效益。

10.2.2.3 延伸产业链条，提高核心竞争力

要想延伸小龙虾产业发展链条，就需要对小龙虾进行深加工，小龙虾除了虾肉可以加工成附属品之外，还可以从产出的废弃物出发，做附属品的开发。小龙虾的虾肉部分是很少的，只占全身的二到三成，其余部分都成为了废弃物。如果能对小龙虾的废弃物进行开发，便能够很大程度上提高小龙虾带来的经济效益。所以，在小龙虾深加工上应该不断加大力度。在这个过程当中，应该让社会服务机构参与进来，完善产业化的运作机制，创立相应的中介组织，使分工更具科学性与合理性。利用当前先进的科技，打造龙虾品牌，促进龙虾全产业链品牌化、品质化、高端化发展，以提升小龙虾产业的核心竞争力。

10.2.2.4 避免同质化竞争和内卷，实现多元化发展

尽管国内小龙虾产业链较为完备，但产品存在同质化竞争，大多以调味虾、虾仁、虾尾为主，休闲食品研发相对迟缓，产品缺乏核心竞争力。政府部门应加大扶持力度，鼓励小龙虾加工企业创新工艺、开发新产品，推动小龙虾加工业现代化、自动化、智能化转型，开展小龙虾加工产品技术研发与创新，探究小龙虾快消食品的发展方向，推出蔬菜虾仁盖浇饭、虾球快餐面等低价格高产能小龙虾休闲食品、代餐食品；创新虾稻、虾茶等捆绑营销思路，延续“虾茶恋”系列产品研发势头，开发小龙虾与田螺、鱼、蔬菜等的捆绑营销产品，带动其他食品价值的提升。

10.3 小龙虾气象研究展望

气象条件与小龙虾养殖的成败息息相关，气象条件在很大程度上决定着小龙虾生长速度、繁殖时间、成活率、病害发生情况等。开展小龙虾气象服务，加强小龙虾养殖气象灾害预警预报与防御，对小龙虾产业的持续稳定发展、农民增收和食品安全均具有十分重要的意义。

10.3.1 目前小龙虾产业气象服务还存在的问题

10.3.1.1 尚未构建起统一、规范、业务化的水产养殖气象观测体系，监测覆盖面和自动化能力有待提高

小龙虾体温、代谢等随环境而改变，水温、溶氧、pH、氨氮等要素剧变会引起鱼类的应激反应，造成生理生化失调、免疫力下降，导致生长发育、繁殖受阻及病害爆发等，需要加强对水体环境要素监测。近些年湖北、江西、安徽、江苏等省建立了一些池塘水温观测站及养殖水体环境观测站，但是总体观测网点偏少。由于维护成本高、维护难度大，资料连续性较差，同时缺乏综合种养模式水体的水温监测；

国产稳定可靠自动的溶解氧、水质等水体生态环境要素观测设备缺乏，对于溶解氧、水质等要素的监测点更少，且尚未纳入正常的业务观测。

10.3.1.2 水产养殖业气象服务基础理论有待夯实

在农业供给侧改革及巨大收益驱动下我国生态种养模式快速发展，提出了许多新问题，如稻田生态环境与野生水体生态存在哪些差异？现有的各种适宜气象指标模型是否适用？业务服务标准和规范还需要进一步建立和完善，小龙虾养殖气象试验科研基础设施相对薄弱，试验场地基础建设和设备维护保障仍需加强。

10.3.1.3 服务内容、形式、机制不能完全满足服务需求

在农业供给侧改革及巨大收益驱动下，我国虾稻综合生态种养发展势头良好，对服务内容的针对性、精细化需求高，其服务内容不仅需要有关键期的天气预报和灾害预警，以及苗种培育和各种病害发生气象条件等，以及基于位置精细化网格点的气象灾害监测预警、天气预报服务。同时，种小龙虾气候资源论证服务也亟须开展，如水资源承载力问题、规模发展气象制约因子分析（包括季节性缺水、水质性缺水、结构型缺水问题）等。气象—水产部门—水产龙头企业—种养用户之间的联动和服务机制需要完善。跨部门、跨省市及省地县共享的小龙虾养殖气象观测数据及预测预警信息共享平台有待完善，另外，也需要利用智慧气象的理念提升服务精细化程度和扩大服务范围。

10.3.2 小龙虾产业气象服务研究未来发展设想

10.3.2.1 业务能力建设

开展小龙虾养殖基地气象观测站网建设。网格化配备自动气象观测站、实时数据电子显示屏，实现虾-稻种养基地气温、水温、日照时数、降水量、气压、风等局地小气候的 24 h 全天候自动观测，开展稻渔种养、荷塘种养、池塘精养的水温、溶氧等水体生态实时动态监测以及小龙虾病害监测。建立较稳定、有代表性的小气候自动观测

站或实景观测站，加上现有站点，形成较完整的小龙虾养殖农业气象自动观测网络体系。

10.3.2.2 业务标准化建设

①开展小龙虾气象观测、数据传输与存储、流程与标准的规范化建设。制定业务产品数据规范标准，实现观测数据实时进入大数据业务平台。②编制小龙虾气象业务服务规范、标准与流程。对现有业务服务流程制度进行补充修订，编制智慧服务产品规范化标准，明确业务产品编发时间、产品质量标准、服务会商时间、服务产品发布时间等。③制定或完善水产气象监测预测、灾害等级、技术服务等行业标准或地方标准。研究制定小龙虾养殖技术气象标准体系，探索建立小龙虾养殖的气象条件及适宜的气象指标，推动小龙虾产业的气候资源利用标准化建设。

10.3.2.3 气象科技支撑能力建设

加强与科研院所合作。深入研究气象灾害引起小龙虾应激反应、免疫力下降、病害爆发成因机理；提取小龙虾气象影响评价指标(影响因子)，研究气象要素对小龙虾产量和品质的影响，并将影响定量化。完善小龙虾生长发育、繁殖投苗、病害等灾害指标及小龙虾养殖天气预报模型等淡水养殖气象关键技术；夯实小龙虾气象理论基础。

加大对小龙虾产业服务气象预测预报适用技术、防灾减灾适用技术的应用研究；研制开发各种具有市场潜力的小龙虾气象保险指数，提升小龙虾气象科研与服务能力。加强农业气候资源、水资源承载力研究，开展小龙虾养殖业生产的气候区划、论证工作，应对气候变化战略研究，为产业健康可持续发展决策服务提供科学依据。

参考文献

艾劲松，石燕，冯海旭，2012. 克氏鳌虾(小龙虾)养殖气象适用技术[M]. 北京：气象出版社.

蔡凤金，武正军，何南，等，2010. 克氏原鳌虾的入侵生态学研究进展[J]. 生态学杂志，29(1)：124-132.

曹凑贵，江洋，汪金平，等，2017. 稻虾共作模式的“双刃性”及可持续发展策略[J]. 中国生态农业学报，25(9)：1245-1253.

陈传龙，彭宣国，王淑娟，2021. 湖北省潜江市小龙虾产业发展制约因素与对策分析[J]. 渔业致富指南(16)：18-20.

陈辉，施能，王永波，2001. 长江中下游气候的长期变化及基本态特征[J]. 气象科学(1)：44-53.

陈兴芳，孙林海，2002. 我国年、季降水的年代际变化分析[J]. 气象(7)：3-9.

邓爱娟，刘敏，刘志雄，等，2013. 洪湖地区养殖鱼塘春夏季水温变化及预报研究[J]. 中国农学通报，29(29)：61-68.

丁一汇，戴晓苏，1994. 中国近百年来的温度变化[J]. 气象，12：19-26.

方春林，邓勇辉，余智杰，等，2010. 克氏原鳌虾生物学特性的研究[J]. 江西水产科技(3)：18-20.

韩光明，张家宏，王守红，等，2015. 克氏原鳌虾生长规律及大规格生态养殖的关键技术和效益分析[J]. 江西农业学报，27(2)：91-94.

韩晓磊，李小蕊，程东成，等，2011. 温度对克氏原鳌虾交配、抱卵、孵化和幼体生长发育的影响[J]. 湖北农业科学，50(10)：2078-2080.

金志凤，王治海，姚益平，等，2015. 浙江省茶叶气候品质等级评价[J]. 生态学杂志，34(5)：1456-1463.

李德，高超，孙义，等，2018. 基于关键品质因素的砀山酥梨气候品质评价[J]. 中国生态农业学报，26(12)：1836-1845.

李明云，1995. 温度对中国对虾越冬亲虾性腺发育与存活率的影响[J]. 生态学报(4):378-384.

李铭,董卫军,邢迎春,等,2006. 温度对克氏原螯虾幼虾发育和存活的影响[J]. 水利渔业(2):36-37.

梁玉刚,匡炜,旷娜,等,2023. 稻田养小龙虾的研究进展、存在问题及对策建议[J]. 作物研究,37(4):425-434.

刘璐,王景红,张树誉,等,2018. 陕西红富士苹果气候品质指标及认证技术[J]. 中国农业气象,39(9):611-617.

罗文,赵云龙,王群,等,2004. 光照对红螯螯虾繁殖性能及其受精卵卵质的影响[J]. 水产学报,28(6):675-681.

罗雅婷,刘益,刘金梦,等,2021. 湖南省稻田养殖的不同规格克氏原螯虾的肌肉营养成分分析[J]. 动物营养学报,33(8):4592-4603.

吕佳,宋胜磊,唐建清,等,2004. 克氏原螯虾受精卵发育的温度因子数学模型分析[J]. 南京大学学报(自然科学版)(2):226-231.

明博,朱金城,陶洪斌,等,2013. 黑龙港流域玉米不同生育阶段气象因子对产量性状的影响[J]. 作物学报,39(5):919-927.

倪玉红,孙擎,王学林,等,2015. 盱眙龙虾池塘夏季水温与溶解氧变化特征及预报模型研究[J]. 中国农学通报,31(32):33-39.

舒新亚,龚珞军,陶忠虎,等,2006. 人工诱导克氏原螯虾同步产卵试验[J]. 淡水渔业,36(5):45-47.

孙新佳,2001. 七种常见小龙虾养殖模式的特点分析[J]. 南方农业,17(6):206-208.

唐鑫生,2001. 克氏原螯虾[J]. 生物学通报,35(9):19-20.

陶忠虎,周浠,周多勇,等,2013. 虾稻共生生态高效模式及技术[J]. 中国水产(7):68-70.

王华,杜尧东,杜晓阳,等,2017. 灌浆期不同时间喷水降温对超级稻"玉香油占"产量和品质的影响[J]. 生态学杂志,36(2):413-419.

王淑娟,周多勇,周浠,等,2015. 小龙虾病害防治措施[J]. 渔业致富指南(14):44.

王天神,周鑫,赵朝阳,等,2012. 不同温度条件下克氏原螯虾免疫酶活性变化[J]. 江苏农业科学,40(12):239-241.

王志伟,翟盘茂,唐红玉,等,2005. 中国南方近半个世纪的雨涝变化特征[J]. 自然灾害学报,14(3):56-60.

吴志新,陈孝煊,刘小玲,等,2000. 不同光周期对红螯螯虾繁殖及生长的影响[J]. 淡水渔业,30(3):4-5.

谢远玉,王培娟,朱凌金,等,2019. 基于气象因子的赣南脐橙气候品质指标评价模型[J]. 生态学杂志,38(7):2265-2274.

徐晨,葛庆丰,诸永志,等,2019. 不同地区小龙虾营养价值和品质的比较研究[J]. 肉类研究,33(8):7-11.

徐加元,岳彩锋,戴颖,等,2008. 水温、光周期和饲料对克氏原螯虾雌虾成活和性腺发育的影响[J]. 华中师范大学学报(自然科学版)(1):97-101.

徐琼芳,岳阳,王权民,等,2018. 克氏原螯虾气象因子影响研究现状与展望[J]. 气象与环境科学,41(2):105-110.

杨栋,金志凤,丁烨毅,等,2018. 水蜜桃气候品质评价方法与应用[J]. 生态学杂志,37(8):2532-2540.

于秀娟,郝向举,杨霖坤,等,2023. 中国小龙虾产业发展报告(2023)[J]. 中国水产(7):26-31.

张德林,李军,薛正平,等,2010. 设施鱼塘冬春季水温日变化特点及其与外界气温的统计模式[J]. 上海农业学报,26(1):60-64.

张玲宏,张圆圆,郜小龙,等,2023. 河南小龙虾养殖产业现状分析与前景展望[J]. 中国水产(7):46-49.

张龙岗,钟君伟,朱永安,2015. 温度对克氏原螯虾苗种生长和存活的影响[J]. 河北渔业(1):4-5.

赵庆勇,朱镇,张亚东,等,2013. 播期和地点对不同生态类型粳稻稻米品质性状的影响[J]. 中国水稻科学,27(3):297-304.

周鑫,徐增洪,赵朝阳,2009. 克氏原螯虾人工繁殖及无公害养殖技术(一)[J]. 科学养鱼(1):15-16.

CAISSIE D,EI-JABI N,SATISH M G,2001. Modeling of maximum daily water temperatures in a small stream using air temperatures[J]. Journal of Hydrology,251: 14-28.

CARMONA O C,RODRIGUEZ S M,OLVERA N M A,et al,2004. Gonadal development,spawning,growth and survival of the crayfish Procambarus llamasi at three different water temperatures[J]. Aquaculture,232: 305-316.

MOHSENI O,STEFAN H G,1999. Stream temperature/air temperature relationship: a physical interpretation [J]. Journal of Hydrology, 218 (3):

128-141.

PIERRE D, PORTELANCE B, 1992. Temperature and photoperiod effects on ovarian maturation and eggs laying of the crayfish, Orconectes limosus[J]. Aquaculture, 102(1/2): 161-168.

POWELL M L, WATTS S A, 2006. Effect of temperature acclimation on metabolism and hemocyanin binding affinities in two crayfish, Procambarus clarkii and Procambarus zonangulus[J]. Comparative Biochemistry and Physiology, 144(2): 211-217.

附　录　小龙虾捕捞、物流、线下消费气象指数等级

ICS 65.150
CCS A 47

T/QJCIPA

潜江龙虾产业发展促进会团体标准

T/QJCIPA 004—2023

小龙虾捕捞、物流、线下消费气象指数等级

Meteorological index of crayfish fishing, logistics and offline consumption

2023-04-27 发布　　　　2023-05-20 实施

潜江龙虾产业发展促进会　　发布

目　次

前　言

本文件按照GB/T 1.1—2020《标准化工作导则　第1部分：标准化文件的结构和起草规则》的规定起草。

本文件由潜江市气象局提出。

本文件由潜江龙虾产业发展促进会归口。

本文件起草单位：潜江市气象局、湖北省气象服务中心、武汉区域气候中心、中国气象局气象干部培训学院湖北分院、湖北省公众气象服务中心、湖北省标准化与质量研究院。

本文件主要起草人：徐琼芳、廖洁、何飞、刘凯文、徐丽娅、窦俊辉、刘志雄、邓爱娟、李响、田佳鑫、夏鸿轶、杜燕妮、周密、彭二露。

本文件首次发布。

本文件实施应用中如有疑问或对本文件提出有关修改意见建议可咨询、反馈至潜江龙虾产业发展促进会，联系电话：0728-6895633，邮箱：601925666@qq.com。

小龙虾捕捞、物流、线下消费气象指数等级

1 范围

本文件规定了小龙虾捕捞、物流、线下消费气象指数等级的要求。

本文件适用于潜江市小龙虾捕捞、物流、线下消费的气象评估。

2 规范性引用文件

下列文件中的内容通过文中的规范性引用而构成本文件必不可少的条款。其中，注日期的引用文件，仅该日期对应的版本适用于本文件；不注日期的引用文件，其最新版本（包括所有的修改单）适用于本文件。

GB/T 21984—2017 短期天气预报

GB/T 35663—2017 天气预报基本术语

3 术语和定义

下列术语和定义适用于本文件。

3.1 气象因子 meteorological factor

影响其他事物发展变化的气象原因或条件。

3.2 风力 wind force

即为风的强度，气象上常用风力等级表示，国际上常用蒲福风力等级表示。

[来源：GB/T 35663—2017，定义 3.1]

3.3 能见度 visibility

白天指视力正常（对比阈值为 0.05）的人，在当时的天气条件下，能够从天空背景中看到或辨认的目标（黑色、大小适度）的最大水

平距离；夜间指中等强度发光体能被看到和识别的最大水平距离。用前向散射能见度仪自动观测，测量范围为 0.01 km～30.00 km。取最小水平能见度要素。

[来源：GB/T 21984—2017，定义 2.19，有修改]

3.4 最高气温 maximum air temperature

一定时段内气温的最高值，单位为摄氏度（℃）。

[来源：GB/T 21984—2017，定义 2.6]

3.5 最低气温 minimum air temperature

一定时段内气温的最低值，单位为摄氏度（℃）。

[来源：GB/T 21984—2017，定义 2.7]

3.6 雷暴 thunderstorm

为积雨云云中、云间或云地之间产生的放电现象。表现为闪电兼有雷声，有时亦可只闻雷声而不见闪电。

[来源：GB/T 35663—2017，定义 2.3.9，有修改]

4 气象指数等级

根据气象因子对小龙虾捕捞、物流、线下消费的影响，气象指数应划分为非常适宜、适宜、基本适宜、较不适宜、不适宜五个等级。气象因子包括：降雨等级、最高气温、最低气温、风力、能见度、雷暴。

4.1 捕捞气象指数等级

气象因子对小龙虾捕捞影响的气象指数等级见表 1：

表 1 小龙虾捕捞气象指数等级

气象因子	捕捞气象指数等级
无雨且 15 ℃≤日最高气温＜35 ℃且风力≤4 级[a]且能见度≥1000m。	非常适宜
小雨[b]且 15 ℃≤日最高气温＜35 ℃风力≤4 级且能见度≥1000m。	适宜

续表

气象因子	捕捞气象指数等级
中雨； 小雨且 15 ℃≤日最高气温<35 ℃且 200m≤能见度<1000m。	基本适宜[c]
35 ℃≤日最高气温<37 ℃ ； 5 ℃≤日最低气温<15 ℃；大雨； 风力 5 级； 50m≤能见度<200m。	较不适宜[c]
日最高气温≥37 ℃； 日最低气温<5 ℃； 暴雨及以上； 雷暴； 风力≥6 级； 能见度<50m。	不适宜[c]
注：a 风力等级划分见附录 A。 b 降雨等级划分见附录 B。 c 以上任意一项符合即可。	

4.2 物流气象指数等级

气象因子对小龙虾物流影响的气象指数等级见表 2：

表 2 小龙虾物流气象指数等级

气象因子	物流气象指数等级
无雨且日最高气温<35 ℃且风力<4 级[a] 且能见度≥1000m。	非常适宜
小雨[b] 且日最高气温<35 ℃且风力<4 级且能见度≥1000m。	适宜
中雨； 35 ℃≤日最高气温<37 ℃； 风力 4～5 级； 200m≤能见度<1000m。	基本适宜[c]
大雨； 37 ℃≤日最高气温<40 ℃； 风力 6 级； 50m≤能见度<200m。	较不适宜[c]

续表

气象因子	物流气象指数等级
日最高气温≥40 ℃； 暴雨及以上； 雷暴； 风力≥7 级； 能见度<50m。	不适宜[c]

注：a 风力等级划分见附录 A。
b 降雨等级划分见附录 B。
c 以上任意一项符合即可。

4.3 线下消费气象指数等级

气象因子对小龙虾线下消费影响的气象指数等级见表 3：

表 3 小龙虾线下消费气象指数等级

气象因子	线下消费气象指数等级
无雨且日最高气温≥28 ℃。	非常适宜
无雨或小雨[a]，且 22 ℃≤日最高气温<28 ℃。	适宜
中雨；16 ℃≤日最高气温<22 ℃。	基本适宜[c]
大雨；10 ℃≤日最高气温<16 ℃； 风力 6～7 级[b]。	较不适宜[c]
暴雨及以上； 雷暴； 日最高气温<10 ℃； 风力≥8 级。	不适宜[c]

注：a 降雨等级划分见附录 B。
b 风力等级划分见附表 A。
c 以上任意一项符合即可。

附　录　A
(资料性)
风力等级和风速对照表

表 A.1 给出了气象指数风力等级和风速对照表。

表 A.1　风力等级和风速对照表

风级	风速/(m/s)	风级	风速/(m/s)	风级	风速/(m/s)
0	0.0～0.2	6	10.8～13.8	12	32.6～36.9
1	0.3～1.5	7	13.9～17.1	13	37.0～41,4
2	1.6～3.3	8	17.2～20.7	14	41.5～46.1
3	3.4～5.4	9	20.8～24.4	15	46.2～50.9
4	5.5～7.9	10	24.5～28.4	16	51.0～56.0
5	8.0～10.7	11	28.5～32.6	17	≥56.1

附 录 B

(资料性)

降雨等级和降水量对照表

表B.1给出了气象指数降雨等级和降水量对照表。

表B.1 降雨等级和降水量对照表

降水等级用语	12小时降水总量/mm	24小时降水总量/mm
无雨	无降水量	无降水量
毛毛雨、小雨、阵雨	0.1～4.9	0.1～9.9
中雨	5.0～14.9	10.0～24.9
大雨	15.0～29.9	25.0～49.9
暴雨	30.0～69.9	50.0～99.9
大暴雨	70.0～139.9	100.0～249.9
特大暴雨	≥140.0	≥250.0